아들의 사춘기가 두려운 엄마들에게

엄마는 잘 모르는 사춘기 아들의
몸 마음 변화와 학교생활, 공부까지

아들의 사춘기가 두려운 엄마들에게

이진혁 지음

프롤로그

'내 아들만 그런 것은 아닌' 모든 아들의 사춘기를 위하여

"애가 방에만 들어가면 꿈쩍도 안 해요. 밥 먹으라는 말도 카톡으로 주고받아요."

"어? 정말요? 집마다 다 비슷하네요. 저희도 그래요."

사춘기에 접어든 아들을 둔 부모님과 이야기를 나누다 보면 고민이 모두 비슷하다는 것을 느껴요. 방에만 틀어박혀 있는 아들, 공부하니 안 하니 실랑이하는 아들, 게임으로 인해 답답한 부모… 그래도 이런 고민은 행복한 편에 속해요. 학교 폭력 문제를 일으키거나 학교 밖으로 뛰쳐나가는 남자아이들을 보면 어쩌면 집에서 실랑이하는 것이 다행스럽게 느껴지기도 하니까요.

공부 스트레스, 교우 관계 스트레스, 사춘기라서 저절로 생기는 충동적인 감정까지 삼중고에 시달리는 남자아이들. 물론 어떤 아이는 무던하게 그 시기를 넘기지만, 머리가 쭈뼛 설 정도로 끔찍하게 보내는 아이도 있어요. 자해하거나, 폭력을 쓰거나, 아예 포기하고 무기력하게 지내거나, 게임이나 담배 혹은 술에 의존하거나… 사춘기를 힘겹게 넘기는 남자아이들이 있다는 사실은 우리 부모들에게 경각심을 느끼게 해요.

초등학교에서 오랫동안 학교 폭력 업무를 담당하며 학교 안팎의 온갖 안 좋은 사례들을 다 접했던 탓에 '우리 아이도 행여나…' 하는 노파심이 들 때가 많아요. 차분하고 무난하게 지나가면 좋으련만, 아들의 사춘기는 부모에게 정말 어려운 시기예요. 이유 없이 걱정되는 것은 물론, 집에서 아들과 문제라도 생기면 '우리 집만 이러나?' 하는 생각에 힘들기도 해요. 자칫 감정의 소용돌이에 빠져들면 어른인 부모도 때때로 제정신이 아닐 수 있거든요. 아들이 사춘기를 지날 때는 마음 자락 하나 잘 붙잡고 사는 것도 대단한 일이에요.

'사춘기'라는 3글자를 떠올려보라고 하면 초등 아이를 둔 부모님들도 근심이 가득한 표정을 지어요. '어떡하지? 사춘기는 힘들다던데…'라는 막연한 두려움 때문에요. 중고등 아이의 부모님들은 '예전에는 안 그랬는데 요즘은 대체 왜 그러는지…' 하며 이해되지 않는 행동에 답답한 마음을 호소하지요. 조금만 마음에 안 들면 버럭 화를 내고, 숙제하라고 하면 신나게 노느라 미루다가 잠자기 전에야 시작하고, 친구와 놀러 나가서 연락 없이 감감무소식이고… 하지 말라는 행동만을 골라 일부러 더 하는 듯한 모습에 아들만 쳐다보면 10년은 더 늙은 기분이 들기도 해요. 솔직히 10년만 늙어도 다행이지요.

무엇보다 안타까운 것은 사춘기가 오기도 전부터 아들과의 실랑이가 시작된다는 사실이에요. 일기를 쓰라고 하면 "왜 꼭 지금 써야 하는데요?"라고 말하며 저학년 때부터 짜증을 내고, 옷을 갈아입으면 마치 뱀이 허물을 벗는 것처럼 집 안 여기저기에 그날 입었던 옷을 널브러뜨리고 다녀요. 그럴 때면 이 녀석이 과연 옷을 입는 사람인지, 아니면 허물을 벗는 뱀인지 헷갈리는 상태가 되기도 하지요. 스마트폰 게임을 그만하라고 그저 한마디 건넸을 뿐인데 왜 그렇게 크게 짜증을 내는지… 이렇게 사춘기 전에도 충분히 힘든데, 사춘기는 도대체 어떤 모습으로 우리에게 다가올까요? 우리는 그 상황을 잘 견뎌낼 수 있을까요? 아들이 사춘기를 부드럽게 넘기는 데 도움을 주는 부모가 될 수 있을까요?

이 책은 이러한 질문에서 시작되었어요. 사춘기의 정점에 올라선 중학생 아들 형제를 키우는 덕분에, 선생님들에게 초등 고학년 남자아이의 생활 지도와 학교 폭력을 주제로 연수를 하는 덕분에, 다년간 학교 폭력 업무를 하며 사춘기를 '별 탈 있게' 보내는 남자아이들을 오랫동안 지켜본 덕분에 사춘기가 쉽지 않다는 사실을 너무나 잘 알고 있기 때문이에요.

바람 잘 날 없는 아들의 사춘기, 한없이 흔들리는 부모의 갱년기

아이마다 성장 단계가 다르기는 하지만, 남자아이는 대개 초등학교 6학년에서 중학교 1학년 사이에 이차 성징이 시작돼요. 호르몬의 분비가 달라지고, 뇌가 발달하지요. 동시에 사춘기도 함께 조금씩 시동을 걸어요. 물론 아들 키우기는 사춘기에만 힘든 건 아니에요. 이미 태어날 때부터 엄마는 아들이 버겁게 느껴져요. 우선 성별이 다르고, 육체적인 활동량이 많아서 소리를 크게 질러야 말을 듣기 때문이지요. 그래서인지 아들 엄마의 말투와 표정은 마치 군인 같기도 해요.

아들 키우기는 원래 힘들었지만, 사춘기에는 여기서 한 차원 더 도약한다는 것이 문제예요. 아마도 '바람 잘 날 없다'라는 말은 사춘기에 쓰라고 생긴 표현인 것 같아요. 사춘기 아들을 둔 집에서는 (물론 집마다 다르겠지만) '1일 1샤우팅'이 거의 기본이나 마찬가지거든요. 아들 키우는 집 이야기를 들어보면 정말 비슷해요. 부모는 공부도 시켜야 하고, 습관도 잡아줘야 하고, 방 정리도 했으면 좋겠기에 아들이 싫어해도 이야기를 할 수밖에 없어요.

하지만 아들은 공부하기보다는 놀고 싶고, 부모님이 하라는 대로 하기 싫어요. 자기 마음대로 하고 싶어 하지요. 이 지점에서 괴리가 발생하기 시작해요. 물론 아들의 불만족은 어릴 때도 있었지만, 사춘기에 접어들면서부터는 아이 스스로 감정을 통제하기가 어렵다는 것이 어린 시절과는 다른 점이에요. 사춘기의 뇌는 발달 과정에서 이성을 주관하는 전두엽보다는 감정을 주관하는 변연계로 주도권을 넘겨주거든요. 다시 말해 자기 마음조차 본인의 의지대로 움직이기 힘든 아들은 언제든 활화산처럼 폭발할 준비가 되어 있다는 것이지요.

이 시점에서 부모는 이성적으로 생각하고 아들의 모든 변화를 다 받아줄 마음의 준비가 되어 있을까요? 딱히 그렇지도 않아요. 아무리 준비되어 있다고 해도 극심한 감정의 파고를 맞이하기에는 역부족이에요. 게다가 아들의 사춘기와 비슷한 시기에 찾아오는 부모의 갱년기는 아들과 부모를 상극으로 만들기도 해요. 사춘기와 갱년기의 대립은 부모에게나 아들에게나 힘든 시기가 될 수밖에 없어요. 어쩌면 그렇게 딱 맞춰서 찾아올까요? 부모가 흔들리는 시기와 아들이 성장하며 불안정한 모습을 보이는 시기가 이렇게 일치하는 건 운명의 장난인 것만 같아요. 피할 수 없기에 더 안타까운 일이지요.

아들의 사춘기를 부드럽게 넘기려면

얼핏 보면 사춘기는 너무 힘들고 넘기 어려운 산처럼 보이지만, 막상 들여다보면 그 시기를 잘 넘기는 집도 정말 많아요. 비교가 조금 억지스러울 수도 있지만, 부모의 감정선을 건드리며 머리 위에서 노는 사춘기의 딸보다는 감정선이 단순하고 행동이 눈에 보이는 사춘기의 아들이 오히려 편하다고 이야기하는 부모님들도 있어요. 지레 겁먹을 필요 없이 우리가 잘 준비한다면 아들의 사춘기는 조금 더 부드럽게 넘어갈 수 있어요.

20년이 넘는 교직 생활을 이어오며 담임을 맡을 때는 15~20명의 남자아이를, 교과를 전담할 때는 200여 명 이상의 남자아이들을 해마다 만났어요. 지금까지 대략 2,000여 명이 넘는 남자아이들을 만난 셈이지요. 이처럼 교실에서 수많은 남자아이를 만나고, 또 학교 폭력과 관련된 여러 아이를 상담하며 사춘기가 아이마다 다르다는 사실, 즉 사춘기의 스펙트럼은 어른들이 생각하는 것보다 꽤 넓다는 사실을 뼈저리게 느꼈어요. 같은 사춘기라도 어떤 아이는 무난하게 학교생활을 하며 수월하게 넘기고, 또 다른 아이는 학교 폭력 사안에 연루되거나 부모와 심하게 갈등하며 어렵게 넘기기도 하거든요.

사춘기에 접어들어서도 예의가 바르고 사려 깊은 멋진 남자아이

vs

사춘기에 접어들었다는 핑계로 짜증을 많이 내고 말하는 내내 욕하는 남자아이

친구를 배려하고 자기 마음도 잘 돌보면서 또래 사이에서 인정받는 남자아이

vs

그저 내키는 대로 행동하며 또래 사이에서 그저 그런 아이로 낙인찍힌 남자아이

어떤 부모와 함께인지, 어떤 환경에 처했는지, 어떤 기질을 가졌는지에 따라 달라지는 사춘기의 여러 모습. 이 책을 통해 사춘기 남자아이들의 다양한 모습을 살펴보며 내 아들의 사춘기를 위해 나는 어떤 지혜를 발휘해야 할까 고민해보세요. 미리 고민하는 만큼 깊이 있게 아들의 사춘기를 헤쳐 나갈 수 있으니까요.

사춘기를 수월하게 넘기는 비결은 이미 사춘기 전에 시작돼요. 부모와 아들이 안정적인 관계를 유지하고, 아들이 가진 기질을 이해하며 받아주는 가정에서 자란 아이들은 그 어떤 사춘기가 와도 엇나가거나 잘못될 확률이 낮아요. 하지만 어릴 때부터 부모의 격려와 지지가 모자란 채 자라는 아들, 자신의 행동에 대해서 질책을 더 많이 들었던 아들은 사춘기 때 불처럼 폭발할 가능성이 크지요.

사춘기라서 무조건 아이가 엇나가는 것이 아니라, 이전부터 쌓인 무언가가 사춘기라는 도화선을 통해서 나타날 뿐이거든요.

아들의 사춘기를 잘 보내기 위해서 우리는 발화점을 낮출 필요가 있어요. 조그만 자극과 감정적인 반응에 휘발유처럼 순식간에 활활 타오르지 말고, 등유처럼 천천히 불이 붙어야 하지요. 휘발유와 같이 감정을 빠르게 태우는 아들에게 맞서서 부모가 최소한 등유처럼 대응하고, 더 나아가 소화기처럼 감정의 불꽃을 식혀준다면 사춘기는 아들이 성장하는 가치 있는 시간이 될 거예요. 책장을 넘기면서 아들은 왜 휘발유처럼 감정을 활활 태우는지, 부모로서 어떻게 하면 소화기처럼 마음을 다스릴 수 있을지 살펴보세요.

아들의 사춘기에 즈음해서 아들을 제대로 바라보는 법과 건강하게 관계 맺는 법을 다시 한번 다듬어볼 필요가 있어요. 그리고 사춘기 상황에 직면해서도 '무엇이 문제일까?', '어떻게 해결할 수 있을까?'를 충분히 고민하면 관계를 바로잡는 데 도움이 돼요. 이 책에는 아들의 사춘기가 고민인 부모님들이 함께 생각해볼 만한 이야기를 한가득 담았어요. 우리가 제대로 된 방법을 알아야지만 마음을 온전히 전할 수 있고, 또 돈독한 관계를 유지할 수 있기 때문이지요.

아들의 사춘기를 마주하는 가장 현명한 방법

"아드님이 몇 학년인가요?"

"중학교 3학년이에요."

고민을 털어놓는 부모님. 그런데, 아들은 이미 사춘기. 사실 이럴 때는 뭐라고 드릴 말씀이 별로 없어요. 사춘기의 정점에 다다른 중학생, 이 시기 아들의 굳어진 생활 방식은 돌덩어리처럼 딱딱해서 바꾸기가 여간 힘든 게 아니거든요. 하지만 사춘기 시작 전이나 사춘기에 막 접어든 남자아이들은 다행히도 말랑말랑한 찰흙과 같아서 부모가 노력하는 만큼 좋은 모양을 잡아줄 가능성이 있어요. 그래서 우리는 아들의 사춘기 이전과 사춘기에 접어드는 시기에 주목해야 하지요.

한마디로 가소성이 있는 시기에 준비해야 부모도 아들도 사춘기를 더 부드럽게 넘길 수 있어요. 앞서 언급했듯이 사춘기 때 아들이 문제를 일으키는 이유는 사춘기에 불만이 갑자기 폭발해서 그런 것은 아니에요. 오래전부터 쌓아온 불만과 마음의 응어리를 사춘기가 되어 비로소 자각하기 때문에 관계가 나빠지는 것이지요. 그래서 거듭 강조하지만, 부모는 사춘기가 오기 전에 아들과의 관계를 제대로 정립해야 해요. 서로 말랑말랑한 관계를 유지해야 사춘기를 부드럽게 넘길 수 있거든요.

사춘기는 걱정되고 두려운 것이 당연해요. 아들에게 나타나는 충동적 행동과 뒷일을 전혀 생각하지 않는 듯한 초합리성은 무수한 갈등의 씨앗이 되기도 하니까요. 하지만 그런 모습은 아들의 변신을 위해서 피할 수 없는 과정이에요. 아이에서 어른으로 변신하는 과정, 즉 사춘기라는 담금질을 통해 아들은 더욱 단단하면서도 한편으로는 더없이 유연한 마음을 가질 수 있게 되거든요. 아들이 어른이 되기 위해 뇌가 리모델링을 거치면서 나타나는 약간의 부작용만 우리가 감내할 수 있다면, 그리고 그런 부작용을 아들이 잘 헤쳐 나가도록 도와줄 수 있다면, 사춘기는 정말 값진 시기가 될 거예요.

덴마크의 철학자 쇠렌 키르케고르(Søren Kierkegaard)는 걱정되는 일을 마주하는 자세가 용기라고 말했어요. 그리고 용기에는 고통이 뒤따른다고 했지요. 아들의 사춘기를 마주하는 부모에게도 그런 용기가 필요하지 않나 싶어요. 사춘기가 고통스럽더라도 아들에게 일어나는 일과 관계 속에서 일어나는 일을 직면하고 바라볼 수 있는 용기 말이지요. 용기는 우리에게 직면할 힘을 주고, 직면은 변화를 만들어내요. 아들이 아이에서 어른으로 변화를 시작하는 사춘기라는 시기, 부모인 우리에게 필요한 건 바로 직면할 수 있는 용기예요.

'내 아들만 그렇다'라고 생각하면 답답하고 무너지는 마음을 느낄 수밖에 없어요. 하지만 '누구나 다 그렇다'라는 사실을 알면 오히려 연대감을 느끼지요. 연대감은 '아, 다 그렇구나. 나만 그런 것은 아니구나'라는 위로와 안심을 불러일으키고요.

사춘기에 접어드는 아들을 걱정하는 부모님, 미리 대비해서 마음 편하게 사춘기를 보내고 싶은 부모님에게 꼭 하고 싶은 이야기를 이 책 한 권에 정리했어요. 이제부터 등장하는 남자아이들의 다양한 사춘기 이야기를 통해 내 아들의 사춘기를 예측하고 대비 전략을 고민해보세요. 정말로 훨씬 더 부드럽게 사춘기를 보낼 수 있을 거예요.

한눈에 보는 책

총 3장으로 구성된 이 책은 마지막 3장의 내용이 60% 이상이에요. 3장에는 아들이 사춘기에 겪을 수 있는 여러 가지 사례를 담았어요. 사춘기 부모님들이 각각의 상황에 대한 시나리오를 미리 고민해볼 수 있도록 최대한 많은 사례를 담으려고 노력했지요. 하지만 그렇다고 1장과 2장이 덜 중요하다는 의미는 아니에요.

1장에서는 사춘기 남자아이들이 겪는 일반적인 모습을 이야기해요. 사춘기의 핵심인 신체 변화, 이차 성징, 감정 기복이 생기는 이유 등과 아들이 관계에서 무엇을 고민하는지, 그리고 사춘기 부모님들이 꼭 알아둬야 할 내용을 실었어요.

2장에서는 부모가 사춘기에 흔들리는 아들을 올바로 대하기 위해서 고민해야 하는 큰 원칙을 이야기해요. 몸과 마음이 변하는 시기이므로 이렇게 대해주세요, 실랑이를 피하기 위해서는 이렇게 대화해보세요 등 각각 사례마다 솔루션은 물론, 사춘기를 관통하는 가이드라인을 2장에서 함께 살펴볼 수 있어요.

독자님마다 책을 읽는 성향이 다르다고 생각해요. 어떤 분은 차례를 보고 필요한 부분을 골라 발췌독을, 어떤 분은 끌리는 부분부터 시작해서 덜 끌리는 부분으로의 확장 읽기를, 어떤 분은 처음부터 끝까지 순서대로 읽을 거예요. 사람이 100명이면 책을 읽는 방법도 100가지예요. 적어도 이 책은 어떤 방법도 다 괜찮아요.

사춘기 아들과 관련된 여러 가지 사례가 궁금하다면 3장부터 읽어보세요. 그러면 사례를 통해서 사춘기를 관통하는 원리를 찾아내는 귀납적인 책 읽기가 될 거예요. 사춘기의 전반적인 특성이나 부모가 아들을 대하는 원칙이 궁금하다면 1장과 2장부터 읽어보세요. 그러면 원리에서 출발해 각각 사례와 관련된 원리를 찾아보는 연역적인 책 읽기가 될 거예요. 다시 말해 내용의 순서와는 상관없이 읽어도 괜찮다는 뜻입니다. 그러니까 그냥 마음 가는 대로, 궁금한 것부터 읽어보세요.

중요한 것은? 꺾이지 않는 마음. 더 중요한 것은? 책 한 권을 오롯이 읽어내는 근성! 자녀교육서는 처음에는 내 아이를 위해 호기롭게 읽다가 이내 마음이 흐트러져 덮어버린 책도 한두 권쯤 있을 거예요. 일단 책을 읽기 시작했으면 모두 읽어야 뿌듯한 마음이 들잖아요. 독자님들이 이러한 뿌듯함을 느낄 수 있도록 최대한 쉽게, 최대한 잘 읽히게 쓰려고 노력했어요. 아들의 사춘기는 절대 쉽지 않지만, 이 책만큼은 쉽기를 바라는 마음으로요.

민우와 승열이,
그리고 대식이와 문성이의 이야기

이 책에는 수많은 남자아이의 사례가 등장해요. 각각 사례마다 각각 다른 이름의 아이들을 등장시킬까, 아니면 지금까지 제가 책에서 자주 썼던 민우와 승열이를 등장시킬까 굉장히 고민했어요. 처음에는 사례마다 다른 이름을 붙였지만, 읽다 보니 산만한 느낌이 들어 결국 민우와 승열이를 다시 소환했지요. 통일감이 필요했거든요. 역시 친한 친구의 이름을 쓰는 게 좋기도 하고요. 민우와 승열이는 제 친구들이에요. 좋지 않은 사례들도 많아서 소심하게 이름을 쓰면서 복수를 했답니다.

민우는 대학 시절 룸메이트였어요. 방을 너무 더럽게 쓰는 바람에 방이 점점 돼지우리처럼 변해서 딱 한 학기만 같이 살고 결별을 했지요. 청소를 잘하는 편은 아니었지만, 다행히 결혼하고 나서 요즘에는 음식물쓰레기도 알아서 척척 버리는 아저씨가 되었어요. 사회 교과서도 열심히 집필하고 말이지요. 정말 다행이에요. 지금은 대학 시절처럼 청소를 못 하지는 않거든요.

승열이는 고등학교와 대학교 친구예요. 그런데 학군단 기수는 한 기수 아래였지요. 학군단 시절, 다른 후배들 모르게 둘이 있을 때는 반말도 쓰게 해주고, 밥도 많이 사줬는데, 은혜를 모르더라고요. 사회에 나와서는 같은 학교에서 근무한 적도 있는데, 학교에서 얼마나 약을 올리고 장난을 치던지요. 어떻게 해야 복수할 수 있을까 고민하다가 나쁜 사례에 이름을 많이 넣는 것으로 소심하게 복수했답니다.

이번에는 민우와 승열이 말고 다른 이름도 나와요. 대식이와 문성이도 둘 다 친한 친구들인데, 복수할 일은 없지만 이름이 필요해서 대식이와 문성이도 등장시켰어요. 책을 쓰는 친구를 둔 탓에 졸지에 이름이 팔리게 되어 약간의 미안함을 느껴요. 나중에 밥을 사야겠다는 다짐을 해봅니다.

이 책에 나오는 민우와 승열이, 그리고 대식이와 문성이는 제 친구들인 동시에 사춘기 남자아이들이기도 해요. 주변에서 흔히 볼 수 있는 사춘기 남자아이들의 모습을 친구들의 이름으로 대변한 것이니까요. 그리고 그 친구들은 우리 모두의 아들이기도 해요. 우리들의 아들에게서도 여러 사례의 모습이 나타나니까요. 민우와 승열이, 그리고 대식이와 문성이가 겪는 여러 가지 일을 내 아들도 충분히 겪을 수 있어요. 책을 읽으면서 친구들이 등장할 때마다 아들의 모습을 떠올려보세요. 그러면 사춘기 아들의 마음을 훨씬 공감할 수 있을 거예요. 민우와 승열이, 그리고 대식이와 문성이에게서 보이는 여러 사례가 사춘기 아들을 이해하는 거울이 되면 좋겠습니다.

차례

사춘기 아들 살펴보기

2장

사춘기 아들 부모가 꼭 지켜야 할 5가지 원칙

3장

사춘기 아들을 잘 키우기 위해 알아야 할 것들

01. 학교생활과 학교 폭력

02. 부모·친구·교사와의 관계

03. 공부 자존감과 사춘기 공부법

04. 건강한 성교육

05. 게임과 스마트폰

아이들은 키가 클 때 성장통을 겪어요. 다치지 않았는데도 무릎이 욱신거리고 다리가 아픈 성장통. 키가 자라면서 일시적으로 몸이 아픈 증상이지요. 사춘기에는 어린 마음이 어른처럼 커가는 과정에서 마음에도 성장통이 찾아와요. 이른바 '자아(自我)'를 찾아가는 과정에 수반되는 고통. 또래 집단 사이에서 자신의 정체성을 찾아내기 위한 몸부림. 부쩍 달라지는 몸 때문에 당황스러운 마음. 자기 의지와는 상관없이 짜증이 나면서 감정 기복이 심해지기도 해요.

아들과 잘 지내기 위해서는 사춘기에 어떤 변화가 일어나는지 아는 것이 무엇보다 중요해요. 그래야 '아, 지금 우리 아들이 성장통을 겪고 있구나' 하고 이해해줄 수 있으니까요. 부모가 사춘기를 잘 모른다면 아들의 변화가 이상하게만 느껴지고, 짜증 나는 마음으로 대할 가능성이 높아요. 무지가 위험한 이유예요. 알지 못하면 답답하고 속상할 수밖에 없으니까요.

하지만 조금씩 알게 될수록 이해가 가능해져요. 이해는 관계를 부드럽고 견고하게 만들어주는 촉매예요. 부모는 아들의 사춘기를 대비하기 위해 무엇을 알아야 할까요? 아들의 몸이 변하는 시기인 만큼 구체적으로 어떤 변화가 일어나는지, 왜 그렇게 감정 기복이 심하고 아침에 못 일어나서 실랑이하게 되는지, 또래 집단에서 무엇 때문에 체면에 의식하는지, 사춘기에 맞이하는 예상치 않은 일에는 또 무엇이 있는지… 이 정도는 부모가 꼭 알고 있어야 하지요. 그래야 아들의 사춘기에 탄탄하게 대비할 수 있어요.

1장

사춘기 아들 살펴보기

사춘기 아들의 신체 변화

"왜 이렇게 힘들죠? 엄마를 그만두고 싶어요."

"이제 겨우 4학년인데 벌써 사춘기가 온 걸까요?"

초등학교 3,4학년만 되어도 아들과 대화하기는 어렵게 느껴져요. 물론 이전에도 아들과의 대화는 어렵다는 것이 함정이지만요. 조그만 일에도 짜증을 내고, 조곤조곤 말하면 되는데 굳이 소리를 지르거든요. 이런 현상은 아이가 커가면서 점점 강도가 세지기도 하지요. 그런데, 이런 아이들을 자세히 살펴보면 아직 사춘기는 아니에요. 초등 3,4학년만 되어도 대하기가 힘든데 아직 사춘기가 아니라니, 이렇게 열불이 나는데 사춘기가 아니라니……. 그러면 사춘기는 언제부터 시작일까요? 사춘기가 오면 얼마나 달라지는 것일까요? 도대체 사춘기에는 얼마나 힘이 들까요? 아들이 사춘기인지 그렇지 않은지 일단 사춘기의 정의부터 살펴보겠습니다. 그러면 초등 3,4학년에게서 보이는 가짜 사춘기와 진짜 사춘기를 구분할 수 있을 테니까요.

사춘기의 정의와 이차 성징의 상관관계

사춘기는 '성인다운 나이' 또는 '모발의 성장'을 뜻하는 라틴어 'pubertas'에서 유래되었어요. 생식기 부위에 털이 자라나기 시작하는 시기라는 의미예요. 한자로는 '思春期'라고 써요. 봄을 생각하는 시기라는 뜻이지요. 그런데 여기서 '춘(春)'이라는 글자는 단순히 계절인 봄만을 의미하지는 않아요. '청춘(青春)'의 '춘'과 같은 한자거든요. 청춘, 새싹이 푸르게 돋아나는 봄. 10대에서 20대에 걸친 젊고 찬란한 시절. 그러니까 사춘기는 청춘을 생각하며 시작하려는 시기예요. 즉, 사춘기는 신체적인 변화인 이차 성징이 일어나며 청년으로 변화하는 시기를 의미해요. 유년기와 성년기 사이의 청소년기. 이러한 청소년기의 서막을 알리는 것이 사춘기지요.

대체로 사춘기는 10세에서 12세 사이에 시작해서 17세에서 19세 사이에 끝나요. 하지만 모든 것에 개인차가 있듯이 사춘기의 시기에도 개인차는 존재합니다. 성별에 따라 시기가 조금 다르기도 하고요. 사춘기는 여자아이들이 남자아이들보다 1~2년 정도 빨리 맞이하는 것이 일반적이에요. 그래서 초등학교 5, 6학년 교실을 살펴보면 사춘기가 먼저 시작된 여자아이들이 남자아이들보다 키도 크고 몸무게도 많이 나가는 것을 볼 수 있지요. 남자아이들보다 힘센 여자아이들도 많고요. 보통 남자아이들의 진짜 사춘기는 빠르면 초등학교 6학년에서 대부분 중학교 1학년에 시작된답니다.

[사춘기에 두드러지게 나타나는 아들의 신체 변화]

- 이차 성징이 일어남
- 수염이 돋아남
- 음경이 커짐
- 고환이 까맣게 변함
- 몽정이 시작됨
- 후두가 발달하면서 목소리가 굵어짐(변성기)

사춘기 아들의 신체 변화를 마주하다 보면 '언제 이렇게 컸나?' 하는 생각이 절로 들어요. 그리고 부모만큼이나 아들도 자신의 달라지는 모습에 신기함을 느끼지요.

"엄마, 저 수염 났어요. 한번 보세요."

아직 채 돋아나지도 않았는데 거뭇해진 솜털을 보면서 수염이 났다고 자랑스러워하기도 해요.

"아빠, 변성기는 언제부터 와요?"

이미 목소리가 변한 친구들을 보며 자기도 빨리 목소리가 변하면 좋겠다고 부러워하기도 하지요. 신체 변화만 놓고 보면 사춘기는 너무나 경이로워요. 소년에서 남자가 되는 과정을 눈으로 온전히 목격하니까요. 아들은 대개 자신에게 일어나는 변화를 신기하게 느끼지만, 동시에 어떤 변화의 과정은 '부끄럽게' 느끼기도 해요. 은밀한 부위에 털이 나기 시작하고, 자고 일어났는데 무언가 끈적한 것이 속옷에 묻어 있으면 당황스러운 것도 사실이니까요. 그리고 자신도 모르게 일어나는 성적인 충동에 수치심을 느끼기도 해요. 이차 성징이 일어나는 시기인 만큼 두드러지는 성적인 변화를 아들은 스스로 조금씩 적응하고 감당해야만 하지요.

사춘기에는 성과 관련한 민감한 일들이 아들을 기다리고 있어요. 아들의 방에 노크도 없이 벌컥 들어간다면 은밀한 장면을 목격할 수도 있고, 아들이 성과 관련된 사안에 휘말릴 수도 있지요. 호기심에 이끌려 남자아이들 간에 이뤄지는 성추행, 메신저 단톡방에서 주고받는 성 관련 대화가 그것이에요. 이성 친구를 향한 마음이 서투른 나머지 상대방이 원하지 않는 일을 할 수도 있고요. 이런 문제를 방지하기 위해서는 부단한 교육이 필요해요.

부모는 사춘기 아들이 자신의 몸에서 일어나는 성적인 변화를 긍정적으로 받아들일 수 있도록 도와줘야 합니다. 몸이 어른처럼 변하는 동시에 생각도 어른스럽게 할 수 있도록 이끌어줘야 하지요. 여러모로 우리 부모가 고민해야 할 일들이 참 많아요. 단번에 많이 이야기하기가 어렵기 때문에 220쪽 3장 '건강한 성교육'을 통해서 더 자세히 살펴보도록 하겠습니다.

한 걸음 더

사춘기의 복병, 여드름

사춘기 아들의 얼굴을 보면 가슴이 떠오르기도 해요. 하얗고 뽀얗던 얼굴이 마치 단풍이 든 것처럼 울긋불긋하니까요. 하얀 도화지에 빨간 볼펜으로 점을 찍어놓은 것 같은 얼굴. 빨간 볼펜이면 그나마 나을 텐데, 누런 볼펜과 검붉은 볼펜으로 찍은 듯한 여드름 때문에 얼굴이 의도치 않게 화려해요. 사춘기에 잘 생기는 염증성 여드름 때문이지요. 부풀어 오른 여드름을 잘못 짜면 피부에 흉터가 생길 수도 있어서 조심해야 해요. 여드름이 조금이라도 덜 생기도록 피부를 깨끗이 유지해줘야 하고요. 관심을 가지고 여드름 관리에 신경을 쓰면 좋으련만, 안타까운 점은 세수조차 제대로 하지 않는 아이가 있다는 거예요. 그래서 때때로 여드름 역시 부모만 애가 타고 아들은 태평한, 그야말로 웃픈 모습을 보이는 집도 있어요.

여드름이 생기는 이유는 다양해요. 그중에서도 사춘기 여드름의 원인은 성호르몬의 증가로 피지가 과도하게 분비되어, 모공이 피지와 각질 때문에 막혀 그 안에 세균이 증식해 염증 반응을 일으키기 때문이지요. 모낭 주위의 염증이 심해지면 고름이 생길 수도 있고, 심각한 상태로 악화될 수도 있어요. 흉터가 남을 수도 있고요. 그래서 여드름은 평소 관리가 가장 중요해요. 만약 과거에 부모님이 여드름 때문에 고생했다면 아들도 그럴 확률이 높으니 조금 더 신경 쓸 필요가 있어요.

사춘기 여드름 관리 팁

• 짜지 말자!

아들이 여드름을 짜려고 할 때가 있어요. 괜히 불편하고 거추장스러워서 짜버리기도 하지요. 그러면 흉터가 남아요. 안타깝지만 어른이 되어서도 흉터가 계속 남아 있기도 하고요. 그러니 아들이 여드름을 짜지 않도록 꼭 이야기를 해주세요.

• 잘 씻자!

사춘기에 생기는 여드름은 피지가 모공에 쌓이기 때문에 심해져요. 그래서 가능한 한 피지가 쌓이지 않도록 얼굴을 잘 씻는 것이 좋아요. 이때 너무 찬물보다는 30~40도 정도의 따스한 물에 비누 거품을 내서 쓱싹 쓱싹 얼굴을 씻어줍니다. 비누 거품이나 피지가 얼굴에 남지 않도록 물로 깨끗이 씻어주는 것이 포인트예요. 증상에 따라 잘 살펴본 다음에 여드름 비누를 사용하는 것도 효과적이지요.

• 이마를 보호하자!

여드름은 이마에도 많이 나요. 아들은 여드름 때문에 이마를 가리는 선택을 하는 경우가 종종 있어요. 머리를 길게 길러서 이마를 덮는 것이지요. 이렇게 하면 당장은 여드름이 보이지 않아서 좋지만, 머리카락이 여드름을 자극해 상태가 심해질 수도 있기에 되도록 앞머리는 짧게 자르게 하는 편이 좋아요. 하지만 아들이 외모 때문에 앞머리를 자르기 싫어한다면 저녁에 집에서만이라도 앞머리를 올리도록 적극적으로 권유해주세요.

지금 아들의 뇌는 리모델링 중

"엄마, 내일 수업 시간 준비물인데 유적지 사진 하나만 컬러로 프린트 해주세요."

"어? 지금 프린터가 고장 났는데? 미리 말했으면 다른 데서 뽑아줬을 텐데……."

"아! 내일 아침에 가지고 가야 한단 말이에요. 어떻게 할 거예요?"

아들 키우는 집에서 흔히 벌어지는 일이에요. 초등학생이 아니라 중학생인데도 말이지요. 중학교 2학년인 민우는 당장 내일 수행 평가가 있는데, 수행 평가에 필요한 준비물을 전날 저녁에야 말해요. 엄마 아빠는 민우의 말을 듣고 가슴속에 돌덩이가 하나 들어

았은 느낌이었지요. 초등학생도 아닌데 아직도 이렇게 준비물 챙기기가 되지 않아서요. 그나마도 친구들이 메시지를 보내지 않았다면 사진 없이 학교에 갔을 거예요. 그러고 나서 수행 평가에서는 "헉!" 했겠지요.

남자아이들이 무언가를 잘 챙기지 못하는 모습. 커가면서 변하면 좋겠지만 그렇지 않은 것이 함정이에요. 물론 야무지게 잘 챙기는 아이도 있지만, 대개는 그렇지 못하거든요. 초등학교 저학년 때부터 가정 통신문이 마치 발효 식품인 것처럼 가방에서 묵히는 모습, 시험을 본다고 하면 "시험 범위가 어디지?" 하며 고개를 갸우뚱하는 모습, 저녁에는 아무 말 없다가 정신없이 바쁜 아침에 "저 준비물 있어요"라고 당당하게 말하는 모습··· 그나마 말이라도 해주면 고마운 거예요. 그마저도 잊어버렸다면 학교에 가서 멍하니 있을 테니까요.

뇌 과학자들은 사춘기 아들이 물건을 잘 챙기지 못하고 주변 정돈이 안 되는 이유가 뇌의 연결과 통합 때문이라고 말해요. 뇌에서는 원초적인 지능과 시냅스의 연결이 다가 아니라, 수초화(신경 세포가 수초라는 덮개에 의해 마디를 이루면서 둘러싸이는 과정)가 이뤄져야 하는데, 뇌의 수초화가 완전히 마무리되려면 30년 정도가 걸린다고 해요. 그런데 이 과정에서 수초화의 남녀 차이가 가장 두드러지는 시기가 안타깝게도 청소년기, 즉 아들의 중고등학생 시기라는 점이지요. 그래서 어떤 부모님들은 아들이 남중이나 남고에 가는 것을 선호하기도 해요. 자기 것을 잘 챙기지 못하는 남자아이들끼리 경쟁하는 것이 조금 더 나을 수도 있으니까요.

사춘기는 신체와 정신이 모두 변하는 시기예요. 그래서 앞서 살펴봤듯이 몸에도 변화가 생기고, 정신을 담당하는 뇌에도 변화가 생기지요. 그 과정 중 하나가 바로 수초화예요. 불필요한 나뭇가지를 가지치기하는 것처럼 뇌에서도 가지치기가 일어납니다. 만 12세부터 회백질의 양이 줄어들면서 필요 없는 회로가 제거되고 정보 전달의 속도를 높여주는 수초화가 이뤄져요. 수초는 신경 회로에서 전선의 껍데기 같은 절연체의 역할을 맡고 있는데, 뇌의 수초화가 진행되어 수초가 축삭 돌기(신경 세포에서 뻗어 나온 긴 돌기)를 감싸게 되면 정보의 전달 속도가 100배 정도 빨라진다고 합니다. 그래서 청소년기의 뇌는 엄청난 변화에 직면하게 되지요.

많은 변화가 일어나고 정보 전달 속도가 빨라지는 것은 좋은 일이에요. 하지만 변화가 큰 만큼 그에 따른 부작용도 존재하지요. 아들의 뇌에서 변화가 일어나는 동안, 충동을 조절하고 계획을 세우는 전두엽과 다른 뇌 부위가 느슨하게 연결될 수 있어요. 전기 배선 공사를 하기 위해 전기를 차단해서 전기를 쓸 수 없는 것과 마찬가지지요. 마치 방 안에 어지럽게 널브러져 있는 멀티탭을 싹 버리고, 벽을 뜯어 그 안에 전기선을 정리해서 콘센트를 매립하고 다시 마감하는 과정과 같아요. 에어컨이 놓이는 벽면에 콘센트를 만들어서 전선이 최대한 밖으로 드러나지 않도록, 책상 스탠드를 위한 콘센트를 매립해서 전선이 밖으로 나오지 않도록 하는 과정과 흡사하지요. 이런 작업을 할 때는 전기 공급을 차단하게 되어 방이 캄캄해질 수밖에 없어요. 방이 캄캄한 것처럼 전두엽도 캄캄… 계획 없는 아들, 준비성 제로인 아들은 어쩌면 뇌 발달의 결과물일 수도 있어요. 안타깝지만 사춘기를 지나는 자연스러운 과정이지요.

감정 기복이 심해지는 이유

사춘기에는 고차원적인 인지 기능을 담당하는 뇌의 겉질(피질)이 발달해요. 전두엽, 두정엽, 후두엽, 측두엽, 이렇게 4가지 부위 중에 판단과 충동 조절을 담당하는 전두엽이 가장 늦게 발달한다는 연구 결과가 있지요. 뇌 겉질은 뒤에서부터 앞으로 발달하는데, 이성을 담당하는 전두엽과 다른 부위와의 연결이 느슨해져서 협업이 되지 않기 때문에 아들은 충동을 이성적으로 제어하기가 힘들어져요.

뇌의 발달과 더불어서 호르몬의 작용은 사춘기 아들을 충동적으로 행동하게 만드는 또 다른 원인이에요. 뇌하수체에서는 본능적 욕구를 담당하는 대뇌변연계에 영향을 미치는 호르몬이 분비돼요. 정서적으로 부정적인 감정을 갖게 만드는 투쟁-도피 반응과 관련이 있는 아드레날린, 성호르몬인 테스토스테론은 남자아이들의 충동적인 행동에 큰 영향을 미쳐요. 특히 테스토스테론의 분비는 사춘기 이전보다 30%까지 증가해요. 10대 아이들이 난폭하게 굴면서 폭발하는 이유 중에 호르몬이 어느 정도는 지분을 차지하는 셈이지요.

아들은 사춘기가 되면 짜증을 내는 때가 많아져요. 그리고 짜증과 더불어서 감정 기복이 심해져요. 짜증을 냈다가 금방 헤헤거리기도 하는 등 좀 이상하다 싶을 때가 있어요. 이러한 행동이 어쩌면 이 시기에는 정상이라는 사실, 뇌의 발달과 호르몬의 영향으로 아들이 자신도 모르게 그렇게 행동하게 된다는 사실을 기억하면 좋겠습니다.

한 걸음 더

사춘기 아들이 늦잠을 잘 수밖에 없는 이유

잠은 정말 중요해요. 잠을 자는 동안 아들의 뇌는 그날의 경험을 훗날 회상할 수 있도록 기억시키고, 배운 내용을 머릿속에 고이 간직할 수 있게 해주거든요. 무엇보다 쓸데없는 정보를 버리는 일까지, 한마디로 잠자는 시간은 뇌가 중요한 것은 제자리에 두고, 쓸데없는 것은 버려서 깔끔하게 만드는 청소 시간이나 다름없어요. 하지만 아들을 잘 재우는 일은 어릴 때부터 쉽지 않았어요. 아들 부모라면 모두 비슷한 경험이 있을 거예요. "자, 이제 자자"라고 말하면 조금 누웠다가 벌떡 일어나서 물을 마시러 가요. 물을 마시고 나서 또 조금 누웠다가 이제는 화장실에 가요. 물을 마셔서 오줌이 마려우니까요. 물 마시고 화장실 가고의 반복… 어릴 때부터 아들을 제시간에 재우기란 여간 어려운 일이 아니었어요.

그런데 사춘기에는 잠자는 시간이 더 늦어져요. 멜라토닌 때문이지요. 이 시기의 아들에게는 잠을 유도하는 호르몬인 멜라토닌이 성인보다 2시간이나 늦게 분비돼요. 여기에 멜라토닌이 뇌에 머무는 시간까지 길어져요. 그래서 사춘기에는 아침에 아들을 깨우는 일이 정말 어려워요. 깨워도 일어나지 않고, 당연히 대답도 없고요. 나이가 들수록 아침잠이 줄어드는 이유도 멜라토닌 때문이에요. 그래서 부모는 아들의 늦잠을 온전히 이해하기가 힘들지요.

"아니, 일어나면 되는데 도대체 왜 안 일어나는 거야?"
"맨날 이렇게 늦잠만 자면 어떡하니?"

늦잠은 호르몬의 문제도 있지만, 요즘은 스마트폰도 점점 늦어지는 수면 시간의 원인으로 한몫을 단단히 해요. 스마트폰은 몸과 마음이 깨어 있는 각성 상태를 계속 유지시키거든요. 깨어 있지 않아야 잠이 오는데, 계속 각성 상태를 만들어주니 잠드는 시간이 늦어질 수밖에 없는 거예요. 그뿐만 아니라 스마트폰에서 나오는 블루 라이트도 수면에 악영향을 줘요. 생체 리듬을 교란시키고 멜라토닌의 분비를 늦춰서 수면의 질을 떨어뜨리거든요. 아들은 그냥 둬도 늦잠을 자는데, 스마트폰 때문에 더 늦게 자는 경우가 생기는 셈이지요.

그래서 사춘기 아들이 잠을 제대로 자게 하려면 스마트폰을 밤늦게까지 사용하는 습관은 지양하는 것이 좋아요. 아들과 약속을 정해서 일정

시각이 되면 스마트폰을 걷는 것도 방법이 될 수 있어요. 그리고 잠자는 시간을 제대로 지켜주기 위해 해야 할 일을 미리 끝낼 수 있도록 옆에서 도와주는 것도 필요해요. 아들이 무언가를 조직적으로 잘해낸다면 물론 좋겠지만, 그런 아들은 드물어요. 주중에는 학교에 가야 해서 늦잠을 자기가 힘든데, 그래서 주말만큼은 어느 정도 늦잠을 즐길 수 있도록 배려해주면 좋겠어요. 사춘기 아들의 늦잠은 아들의 의지가 약하거나 게으른 성격 때문만이 아니라는 것, 이것을 꼭 기억하세요.

실랑이를 피할 수 없는 이유

중학교 2학년인 민우는 짜증이 나요. 친구랑 놀려고 하는데 엄마가 안 된다고 해서요. 친구들은 밤 10시에도 동네 놀이터에 잘만 나오는데 왜 자기는 안 되냐며 엄마와 큰 소리를 내면서 다퉈요. 엄마는 엄마대로 답답해요. 도대체 밤 10시에 놀이터에서 아이들끼리 무슨 일을 하겠다는 것인지? 무엇보다 밤에는 위험하잖아요. 더 큰 아이들이나 술 취한 어른들을 마주칠 수도 있는데, 왜 굳이 그 시간에 나가겠다고 고집을 부리는지… 마음대로 하게 두고 싶지만, 엄마로서 최소한은 통제해야 하기에 실랑이를 피할 수가 없어요.

중학교 1학년인 승열이는 집에 오면 게임만 해요. 공부하라고 하면 괜찮대요. 시험도 안 보는데 굳이 공부를 왜 하냐면서 말이지요. 1학년 아이들은 공부에 심드렁해요. 학교에서 시험을 안 보니까요. 그런데 엄마의 생각은 달라요. 나중에 시험을 보기 시작하고 입시를 치르려면 지금부터 공부를 열심히 해야 하는데 도통 공부를 안 하니까요. 공부 때문에 승열이 엄마는 머리가 지끈지끈해요. 결국, 아이와 실랑이를 할 수밖에 없는 상황이 만들어져요. 공부하기 싫은 아이, 공부를 시켜야 하는 엄마. 참 답답한 일이에요.

사춘기에 접어들면 친구 관계, 공부, 학교생활, 집 안 생활(특히 돼지우리 같은 방)로 실랑이를 피할 수가 없어요. 그냥 속 편하게 방임하면 좋겠지만, 사춘기 아들과 지내다 보면 두고 볼 수 없는 일들이 워낙 많아 부모의 마음속은 점점 복잡해져요.

피할 수 없는 실랑이의 순기능

사춘기는 아들과 부모 모두에게 힘든 시기예요. 조금 더 현실적으로 표현하자면 시쳇말로 '딥빡'의 시기지요. '깊을 딥(Deep)'과 '빡칠 빡'이 합쳐 만들어진 신조어 '딥빡'. 최대한 고상하게 표현하고 싶지만, 이 말처럼 사춘기 아들 부모의 마음을 효과적으로 표현한 말이 있을까 싶어요. 문제는 부모만큼 아들도 딥빡에 사로잡혀 있다는 것이지요. 사춘기는 부모만 속 터지는 것이 아니라 아들도 속 터지는 시기예요. 자기 마음대로 하고 싶은데, 부모가 이래라저래라 '잔소리'를 하고, 하는 일마다 사사건건 간섭해요. 게다가 아이러니하게도 뇌가 발달 중이라, 생각을 주관하는 전두엽보다는 감정과 충동을 주관하는 변연계가 아들의 머릿속에서 주도권을 잡고 있다는 사실. 사춘기 아들은 생각하기보다는 '욱'하는 게 더 빨라요. 물론 머리로는 생각할 수 있겠지만 자신도 모르게 뿜어져 나오는 감정의 일렁임을 어찌할 수 없다는 것이 가슴 아픈 일이에요. 부모와 의견 충돌이 있을 때 감정을 차분하게 가라앉히기가 어렵기만 하지요.

그래서 사춘기 아들과는 매사 별것 아닌 일에도 실랑이하게 돼요. 실랑이만 한다면 다행이겠지만 대부분이 샤우팅까지 이어져요. 판소리하는 소리꾼처럼 득음할 것만 같은 부모와 아들의 소리 지르기 대결. 언성을 높이거나 씩씩대는 일을 과연 피할 수 있을까요? 그것도 사춘기와 갱년기가 만나는 시기에? 샤우팅을 멈추는 것은 현실적으로 어려운 일이에요. 아들과 갈등 없이 부드럽게 이야기할 수 있다면 좋겠지만, 사실 실랑이한다는 것만으로도 부모는 대단한 일을 하는 거예요. 실랑이는 아들을 방임하지 않는다는 방증이기 때문이지요.

방임과 자율 사이

사춘기 아들은 자아를 키워나가면서 부모의 말을 거부하는 경우가 많아요. '이제 나도 다 컸다'라고 생각하는 것이지요. 그래서 자신이 하고 싶은 일을 해야 하고, 자신이 원하는 바를 들어주지 않는 부모를 향해 감정의 화살을 날리기도 해요. 소리를 지르거나 아예 말을 하지 않음으로써 분노를 표현하는데, 아이마다 성향이 달라 2개의 대척점 사이에서 여러 가지 스펙트럼을 볼 수 있지요. 그런데 자세히 살펴보면 실랑이를 불러일으키는 주제는 대부분 비슷해요.

사춘기 실랑이 주제

① 친구 문제

- 밤늦게 친구들과 놀겠다 vs 안 된다
- 주말에 친구들과 멀리 놀러 가겠다 vs 안 된다
- 친구네 집에서 자고 오겠다 vs 안 된다
- 특정 장소(PC방, 코인 노래방 등)에 다녀오겠다 vs 안 된다

② 공부 문제

- 공부를 안 하겠다 vs 해라
- 숙제를 못 하겠다 vs 제대로 해라
- 시험공부를 할 필요가 없다 vs 할 필요가 있다

③ **생활 문제**

- 용돈이 부족하다 vs 그거면 된다
- 게임 시간을 늘려 달라 vs 안 된다
- 스마트폰을 마음대로 쓰겠다 vs 안 된다

사춘기의 갈등을 피하려고 아들을 방임하는 부모님도 있어요. '주도권을 준다', '자율을 존중한다'라는 미명 아래 아들이 원하는 바를 들어주기만 하는 경우지요. 저녁에 외출해서 친구들과 무엇을 하고 돌아다니는지, 학교생활을 제대로 하고 있는지, 새벽까지 게임을 하는지 등을 신경 쓰지 않고 그냥 '잘되겠지' 하는 마음으로 내버려두면 실랑이할 필요가 없어요. 하지만 우리는 여기서 방임과 자율이 확실히 다르다는 것을 꼭 생각해봐야 해요. 방임은 말 그대로 내버려두는 것이고, 자율은 자유를 주되 일정한 테두리를 정해주는 거예요. 그런데 그 테두리를 적절하게 유지하는 일이 참 어려워요. 사춘기 아들은 하고 싶은 것이 예전보다 훨씬 많은데, 부모는 어느 정도 제한을 해야 하기 때문이지요.

당연히 아들의 성장을 인정하고 주도권을 주는 일도 필요해요. 이와 더불어 아들이 인간으로서 지켜야 할 규범과 태도를 제대로 인식하고 있는지 확인해주는 일 또한 필요하지요. 부모를 포함한 다른 사람들을 존중하는 태도를 보이는지, 학업처럼 자신에게 주어진 일을 성실하게 수행하는지, 친구들과 어울리며 엇나가지는 않는지, 스스로 지켜야 할 선은 잘 지키고 있는지… 만약 지금 사춘기 아들과의 실랑이로 힘들어하고 있다면 충분히 잘하고 있다는 사실을 잊지 마세요.

한 걸음 더

아들의 '간 보기'에 현명하게 대처하는 방법

"엄마, 9시에 친구랑 밖에서 놀다 오면 안 돼요?"

초등 5학년인 민우는 학원을 마치고 친구들과 놀다 오겠다고 말했어요. 밤 9시에 동네 놀이터에서 친구들과 배드민턴을 치고 온다고요. 민우 엄마는 '배드민턴? 운동하고 좋네'라고 생각한 나머지, 그만 "어, 놀다 와"라고 말할 뻔했지요. 그런데 다시 생각해보니 밤 9시에 놀이터에서 어른 없이 아이들끼리만 노는 것은 왠지 아닌 듯했어요. 무엇보다 늦은 밤 놀이터에 삼삼오오 모여 뭔가를 하는 10대들의 모습이 떠올랐지요. 절대 좋아 보이지는 않는 모습. 어른들의 통제가 없다면 밤늦게 아이들이 무슨 일을 할지 모르잖아요. 그래서 민우에게 안 된다고 말했어요.

"네, 엄마. 알겠어요"라고 민우가 순순히 대답했을까요? 꿈에서나 있을 법한 일이에요. "왜 안 되는데요? 친구들은 다 나와서 논단 말이에요!"라고 소리치고 씩씩거리면서 방문을 쾅 닫고 들어가버렸어요. 민우 엄마는 가슴이 답답해져요. 저렇게 화를 내는데 그냥 나갔다 오라고 해야 할지 고민이 되기도 해요. 하지만 꾹 참았어요. 화를 낸다고 원하는 바를 들어주기 시작하면 아이는 학습이 될 테고, 지금은 놀이터에 불과하지만 다음번에는 무엇이 될지 모르니까요.

아들도 알고 있어요. 무엇을 해도 되고, 무엇을 하면 안 되는지. 원칙을 알고 있지만 한 번씩 툭툭 건드려보고 금기를 깨려고 해요. 하지 말라는 건 더 해보고 싶기 마련이니까요. 그리고 무엇보다 밤늦게 친구들과 밖에서 노는 일이나 주말에 멀리 친구들과 나가는 일처럼 친구들이 하는 행동에는 호기심이 생길 수밖에 없어요.

'밤늦게 나가서 노는 건 어떤 기분일까? 분명 재미있을 거야.'

무언가 하고 싶은 충동이 일어나기 때문에 부모와 갈등이 생기는 것은 필연적인 일이에요. 밤늦게 노는 일뿐만 아니라 아들을 통제해야 하는 일은 마주할 때마다 갈등의 연속이에요. 거센 저항에 부딪혀 더는 실랑이하기가 힘들어서 "그래. 그냥 네 마음대로 해라"라고 말해주고 싶을 때도 있어요. 하지만 실랑이가 힘들다고 원칙을 하나둘씩 무너뜨리면 사춘기 때 제대로 된 울타리를 쳐주기가 무척 힘들어져요. 유년기부터 울타리는 튼튼하게 지켜줘야 해요. 그래야 아들도 원칙을 지키면서 사춘기를 보낼 수 있으니까요. 아들의 '간 보기'에는 이리저리 흔들리지 말고, 단호하게 대처해주세요. 조곤조곤 단호하게 말이지요.

사춘기 아들의 3가지 페르소나

페르소나(Persona). 고대 그리스에서 배우들이 썼던 가면을 일컫는 말이에요. 정신 분석학에서는 자신의 본성과는 다른 가면을 의미하는데, 스위스의 정신 분석학자 칼 융(Carl Jung)이 제안한 개념이지요. 우리는 상황과 역할에 따라 다양한 페르소나를 가지고 살아요. 부모, 직장인, 자녀, 친구 등으로 이 상황에서는 이렇게, 저 상황에서는 저렇게 상황과 맥락에 따라서 약간씩 변해요. 예를 들어 엄마는 아들과 실랑이를 하며 전사 같은 목소리를 내다가도 전화가 오면 "여보세요" 하며 180도 다른 정제된 말투를 선보여요. 상황에 따라 페르소나가 바뀌는 것이지요. 아들도 마찬가지예요. 아들은 부모에게는 아들이지만, 학교에 가면 학생이나 친구가 돼요.

학교에서의 모습은 가정에서의 모습과 다를 수도 있어요.

부모는 시간의 흐름에 따라 각기 다른 페르소나를 체득해왔어요. 반면에 사춘기 아들은 자신의 페르소나를 만들어가는 중이에요. 자신이 원하는 것과 사회에서 원하는 것의 접점을 찾아 각각의 집단에서 어떻게 행동하고 말하는 것이 바람직한지 알아가는 과정에 있지요.

"모든 아이는 지금의 세상에서 이성적으로 기능하는 방법을 배워야 한다."

미국의 신화학자 조지프 캠벨(Joseph Campbell)이 『신화의 힘』을 통해 남긴 말은 많은 생각을 하게 만들어요. 여러 사람이 모인 세상에서 이성적으로 기능하는 법. 사춘기 이전까지는 자신의 욕구가 더 중요하고, 타인보다는 자신에 맞추는 삶을 살아왔던 아들. 이제는 사회 속에서 '어울리는 법'을 찾아야만 하는 숙명과 마주하고 있어요. 그런데 그 일이 정말로 쉽지가 않아요. 사회에서 '이성적으로' 기능하기에 아들은 생각보다 모난 구석이 많거든요. 모난 돌이 둥그렇게 변하기 위해서는 강물을 따라 셀 수 없이 많이 부딪쳐야 하는 것처럼 아들도 관계 속에서 많은 부침을 겪어야 비로소 타인과 함께 어울리는 법을 체득할 수 있어요. 다음의 사례를 한번 살펴보세요.

사례 ①

중학교 1학년 민우. 자유학기제라 시험이 없어 학교를 마치고 학원에 가야 하는 2~3시간 동안 친구들과 PC방에서 시간을 보내요. 엄마는 걱정이 되어 전화라도 받으라고 하는데, 민우는 엄마가 전화하는 게 싫어요. 문자를 보내도 답문도 없고요. 그저 저녁에 집에만 돌아와주면 고마울 따름이에요. 친구들과 놀지 못하게 해야 할까요? 답이 없어요. 어디에 갔다 왔는지 말도 안 해주고 말이지요. 친구들과 재미있게 놀면 그나마 나을 텐데, 놀고 와서는 무엇 때문에 스트레스를 받는지 짜증을 내요. 자기에게 막 대하는 친구들과 어울리는 것이 잘 이해되지 않아요.

사례 ②

"야, 승열이! 너 지금 뭐 하는 거야? 수업 시간에 잠 좀 그만 자."
"……"
하필이면 담임 선생님 수업 시간에 꾸벅꾸벅 졸다가 급기야 엎드려서 대놓고 잠을 자던 중학교 1학년 승열이. 선생님의 애타는 외침에도 묵묵부답이었어요. 그날 밤 10시, 승열이 아빠는 담임 선생님에게 전화해서는 다짜고짜 화를 냈지요.
"도대체 어떻게 했길래 애가 죽고 싶다고 30분 동안 엉엉 우는 거예요?"
담임 선생님은 정말 당황스러웠어요. 수업 시간에 잠 좀 그만 자라는 말이 죽고 싶을 만큼 서러운 말일 줄은 몰랐거든요. 승열이 아빠와 통화를 하면서 담임 선생님은 생각해요.
'앞으로 학년 말까지 승열이에게는 아무 말도 하면 안 되겠구나…….'

사례 ③

"문성아, 밥 먹고 숙제하자."

"……"

학원에서 돌아온 중학교 1학년 문성이. 엄마는 밥 먹고 숙제하자는 말을 건넸을 뿐인데 방으로 들어가서는 나오지 않아요. 대화는 늘 이런 식이에요. 엄마 아빠가 문성이에게 하는 말은 "공부했냐?", "숙제했냐?"가 90%예요. 문성이는 엄마 아빠의 말만 들으면 가슴이 꽉 막히는 기분이에요.

사춘기 아들이 가장 중요하게 여기는 페르소나

앞선 사례에서 보다시피 아들은 친구, 선생님, 부모와의 관계에서 때때로 부침을 겪어요. 친구들과 노느라 엄마의 전화를 받지 않기도 하고, 학교에서 선생님과 문제를 겪기도 하지요. 집에서는 대화 자체를 차단하며 관계가 단절되기도 하고요. 사춘기에 아들과 관계를 맺는 것은 어려워요. 그런데 문제는 아들 또한 관계에서 스트레스를 받는다는 점이에요. 관계에서 발생하는 문제는 가정마다, 아이마다 다양한 스펙트럼을 가지고 있어요. 어떤 아이는 무난하게 사춘기의 관계를 넘기지만, 어떤 아이는 부모와 완전히 단절되어 대화 자체를 거부하기도 하거든요. 단절된 대화 때문에 어떤 부모님들은 극심한 스트레스를 받기도 하지요.

유년기를 지나 독립의 서막을 알리는 사춘기. 아들은 점점 부모와 멀어져 또래 집단에 귀의하려는 경향성을 보이는데, 이 과정에서 부작용이 나타나기도 해요. 〈사례 ①〉처럼 엄마의 연락도 받지 않고 친구들과 시간을 보내면서 스트레스를 받는 것이지요. '그럼, 놀지 말지'라고 생각할 수도 있지만, 아들은 또래 집단에서 배척될까 봐 두려운 마음이 커요.

〈사례 ②〉는 아무것도 아닌 일이에요. 담임 선생님은 선생님으로서 응당 해야 할 일을 했을 뿐이에요. 수업 시간에 자는 학생을 깨우지 못한다면 모두 엎드려서 잠을 잘 테고, 그러면 수업이 제대로 이뤄질 수 없거든요. 하지만 승열이는 너무 과하게 반응했어요. 친구들을 의식했기 때문이지요. 물론 승열이가 굉장히 예민한 아이일 가능성도 있어요. 그런 예민함에 '친구들이 나를 이상하게 볼 거야'라는 생각까지 더해진다면 너무 속상하겠지요. 정말 안타까운 일이에요. 이런 일을 방지하려면 평소에 아들의 마음을 잘 돌봐야 해요.

〈사례 ③〉은 보통의 가정에서 많이 일어나는 일이에요. 공부 이야기가 아니더라도 아들은 문을 닫고 방으로 들어가는 경우가 많은데, 주로 하는 이야기가 공부라면 아들은 뒤도 안 돌아보고 대화를 단절할 가능성이 커요. 이때 문제는 아들이 부모에게 반응하는 효율적인 방법을 친구들과 공유한다는 사실이지요.

"너희 집에서는 어떻게 해?"

"우리 집에서는 문 닫고 방에 들어가면 아무 말도 안 해."

친구들과 서로 사례를 공유하면서 '나도 이렇게 해봐야겠다'라는 계획을 세우는 아들. 좋은 일이 아닐 때는 참 계획적인 모습으로 변하기도 해요. 그래서 부모와의 관계가 더 나빠지기도 하고요. 이 또한 또래 집단을 통해 강화되는 일이에요.

여러 가지 페르소나를 학습하는 사춘기의 아들. 여러 가면이 있지만, 그중에서 아들이 가장 중요하게 생각하는 가면은 '친구'라는 페르소나예요. 자신의 마음을 또래 집단에 집중하기 때문이지요. 그래서 아들과의 관계를 보다 긍정적으로 맺고 싶다면 아들이 또래 집단을 어떻게 느끼고 얼마나 중요하게 생각하는지 살펴볼 필요가 있어요.

한 걸음 더

수치심을 주지 않는 혼내기와 잔소리

체면(體面)은 남을 대하기에 떳떳한 도리나 얼굴을 뜻하는 말이에요. 사람이라면 누구나 자신이 속한 집단과 사회에서 떳떳하고 당당하게 보이기를 원해요. 부모도 그렇지만, 사춘기 아들은 더욱더 그렇지요. 또래 집단에게도 다른 어른들에게도 심지어 자신과 관계없는 사람들에게도 당당한 얼굴로 마주하기를 원하거든요. 동시에 사춘기 아들은 남의 눈을 굉장히 의식해요. 머리를 한번 잘라도 부모 눈에는 괜찮은데, 자기 마음에 안 들면 밖에 나가지 않으려고 해요. 분명 예쁘게 잘 자른 머리인데 모자를 쓰기도 하고요. 내 마음에 들지 않으면 다른 사람들도 이상하게 본다고 생각하는 것이지요. 문제는 다른 사람들은 아들의 머리에 관심이 없다는 거예요. 그냥 여러 사람 중 하나일 뿐이니까요.

그런데 사춘기 아들은 전혀 그렇게 생각하지 않아요. 마치 자기가 무대 위의 주인공이 된 듯한 착각을 하거든요. 나는 무대 위의 주인공, 다른 사람들은 나를 보고 있는 관객. 이러한 착각을 심리학 용어로 '상상 속의 청중'이라고 해요. 다른 사람들이 자기 행동을 눈여겨보고 있다고 착각하는 현상이지요. 이런 일은 많은 사춘기 아이들에게서 공통으로 나타나, 사춘기의 특징이라고도 할 수 있어요.

별것 아닌 머리 모양이나 옷 입는 스타일만으로도 다른 사람들이 자신만 쳐다보고 있다고 생각하는데, 만약 엄마나 아빠가 자기를 혼내거나 잔소리하는 모습을 누군가에게 보여주는 일이 생긴다면 아들은 어떻게 느낄까요? 당연히 쥐구멍에라도 숨고 싶은 느낌이 들겠지요. 특히 집이 아닌 밖에서 부모가 자신에게 큰 소리를 낸다면 '다른 사람들이 모두 나만 쳐다보고 있어'라는 강렬한 느낌을 받게 돼요. 그러면 아들은 부모를 원망하게 되지요. 더 나아가 '당신은 나에게 수치심을 줬어'라는 마음까지 가지며 원망할지도 몰라요.

창피하고 부끄러워하는 마음인 수치심은 사람들 사이에서 자라나요. 사실 혼자 있으면 창피할 일도 없어요. 내가 절대 보여주고 싶지 않은 모습을 다른 사람들이 목격할 때 창피하고 도망가고 싶은 마음이 생기는 것이지요. 만약 아들을 혼내야 하는데 여러 사람 앞이라면 잠시 숨을 죽일 필요가 있어요. 그러고 나서 나지막이 한마디 해주세요.

"이따가 집에 가서 이야기하자."

일단 공공장소나 여러 사람이 있는 장소에서는 아들에게 큰 소리 내는 일을 피하세요. 그래야 아들도 수치심을 가지지 않을 테니까요. 혼내기와 잔소리는 되도록 은밀하게! 이러한 부모의 태도가 위대하다는 사실을 마음에 새겨두면 좋겠습니다.

사춘기 아들을 믿는 적정한 기준

"승열 아빠, 내 화장대에 있던 돈 가져갔어?"

"아니? 난 당신 화장대에 손도 안 댔는데?"

"서랍에 20만 원을 넣어놨는데, 지금 보니 없어졌어."

"어? 내가 장롱 서랍에 넣어놓은 돈도 없어졌는데……."

어느 날, 승열이 엄마와 아빠는 안방에 있던 돈이 없어졌다는 사실을 알게 되었어요. 화장대 서랍을 열어본 승열이 엄마는 깜짝 놀랐어요. 봉투에 넣어놨던 20만 원이 없어졌거든요. 승열이 아빠도 혹시나 서랍을 살펴보니 20만 원이 없어졌어요. 40만 원이라는 돈이 감쪽같이 사라진 날, 엄마와 아빠는 심란해졌어요. 도둑이 들었던 정황은 없었는데, 설마 이제 겨우 초등학교 6학년인 승열이가 가져갔을까요? 요즘 승열이가 편의점에 자주 드나든다는 이웃의 말이 문득 생각난 엄마와 아빠. 왠지 없어진 돈이 승열이의 소행이라는 생각이 들었어요. 하지만 물증이 없었지요.

그래도 남의 돈을 훔친 것이 아니라서 다행이에요. 그건 생각만 해도 아찔한 일이니까요. 아이가 돈을 어디에 썼을까? 궁금해하던 아빠는 혹시나 하는 마음으로 승열이가 학원에 간 사이에 컴퓨터를 켰어요. 컴퓨터 바탕 화면에는 게임 아이콘이 깔려 있었어요. 아이콘을 클릭해 게임을 실행했더니 이게 웬걸, 게임 캐릭터가 화려해요. 도저히 그냥 게임만 해서는 얻을 수 없을 것 같은 아이템도 보였지요. 게임 계정을 살펴보니 아니나 다를까 게임 아이템을 사는 데 39만 원을 결제한 거예요. 불행인지 다행인지 승열이가 돈을 쓴 증거를 발견했어요. 이처럼 몰래 부모님 돈을 가져가서 게임 아이템을 사버리는 소위 '현질'처럼 사춘기 때 아들 부모가 갑작스럽게 마주칠 수 있는 일들이 있어요.

사춘기 아들 부모가 마주하는 갑작스러운 일

[학교 폭력 관련]

- 메시지나 카톡 등 SNS로 친구에게 욕을 해서 연락을 받는 일

- SNS상에서 직접 욕은 하지 않았지만 같은 단톡방에 있어서 연루되는 일
- 친구를 때려서 학교에서 연락을 받는 일
- 여학생을 놀려서 학교에서 연락을 받는 일
- 친구들의 싸움을 구경하다 연루되는 일

[개인 생활 관련]

- 친구의 꼬임에 빠져서라는 핑계로 담배에 손을 대는 일
- 집에 있는 현금을 몰래 슬쩍하는 일
- 게임 아이템을 현금으로 사는 일
- 집 안에 있는 술을 몰래 마시는 일
- 부모에게 큰일을 들켰는데도 뻔뻔하게 거짓말하는 일
- 학원 갈 시간에 몰래 코인 노래방이나 PC방에 가는 일

이처럼 아들의 사춘기에는 부모의 가슴을 철렁하게 만드는 갑작스러운 일이 많이 일어나요. 그중에서도 학교 폭력과 관련된 일은 미리 알아차리기가 어려워요. 그나마 학교 폭력 '피해'에 관한 징후는 알아차릴 수가 있어요. 하지만 학교 폭력 '가해'에 관한 징후는 웬만해서는 알아차리기가 어렵지요. 아들 스스로가 누군가를 괴롭히거나 욕하는 사실에 대해 자랑스럽게 이야기하지는 않을 테니까요. 경험상 아이가 학교 폭력 가해자라고 부모님에게 이

야기하면 "우리 아이는 절대 그런 아이가 아니에요"라고 말씀하는 분들이 대다수예요. 그러다 객관적인 증거를 내밀면 그제야 "우리 아이가 정말 그랬나요?"라며 조금 수용하는 편이지요.

학교 폭력뿐만이 아니에요. 평소에는 생각하지 못했던 일이 아무렇지도 않게 일어나기도 해요. 앞서 살펴본 승열이의 예시처럼 부모님의 돈을 슬쩍해서 비싼 게임 아이템을 사는 일도 많은 가정에서 목격할 수 있는 일이에요. 게다가 아들이 크면 클수록 또래 집단의 유혹에 넘어가 담배에 손을 대기도 하고, 집에 있는 술을 마시는 일도 있어요. 또 학교 폭력, 술, 담배, 게임 아이템, 돈과 관련한 문제를 눈앞에서 들켰는데도 뻔뻔하게 거짓말로 모면하려는 일도 자주 있지요. 아들이 곧이곧대로 솔직하게 말하지 않는다는 것이 부모에게는 힘든 일이에요.

믿는 도끼에 발등 찍힌다는 말이 있어요. 믿었던 아들에게 발등을 찍히지 않으려면 우리는 어떻게 해야 할까요? 정답은 '믿지 말아야 한다'입니다. 만약 우리가 '우리 아들은 안 그럴 거야'라고 안일하게 생각한다면 혹시나 닥치는 일에 심하게 낙담할 수도 있어요. 아들을 믿어야 하는 것은 맞아요. 그렇지만 '내 아이만은 안 그러겠지'라는 기대는 내려놓는 것이 좋아요. 사춘기의 파도는 누구라도 피해 가기가 어렵기 때문이지요. 언제든 어떤 일이든 한 번쯤은 예상하지 못한 일이 다가오기 마련이에요. 아들을 잘 키운다는 것은 아무 일 없이 평온하게 키운다는 뜻이 아니에요. 아들을 키우며 다가오는 예상치 못한 일을 슬기롭게 파악하고 지혜롭게 대처한다는 뜻이지요.

운전면허 시험을 치르기 전에는 비상등 켜기를 연습해요. 돌발 상황에 비상등을 켜서 뒤에 오는 차에 위험을 알리기 위해서지요. 그래야 2차 사고를 미리 방지할 수 있어요. 사춘기도 마찬가지예요. 어떤 돌발 상황이 언제 어디서 튀어나올지 몰라요. 아들이 마치 럭비공처럼 이리 튀고 저리 튀는 사춘기에는 어떤 일이 일어나도 이상하지 않아요. 자연이 저절로 그러하듯, 사춘기도 저절로 그러하니까요. 갑작스러운 돌발 상황에서 당황하지 않으려면 우리는 늘 비상등을 켤 준비를 해야 해요. 아들이 사춘기를 지날 때는 미리 대비하고 의연하게 마음을 먹는 일도 필요합니다.

한 걸음 더

아들이 잘못했을 때 책임지게 하는 확실한 방법

사춘기에 갑자기 툭 튀어나오는 일에는 미리 대비하는 태도가 필요해요. 예상 가능한 일을 사전에 파악해서 '이럴 땐 이렇게'라는 복안을 가지고 있는 것이 좋지요. 그래야 나중에 의연하게 대처할 수 있으니까요. 소 잃고 외양간 고치는 일은 평소에는 쓸데없어 보여요. 하지만 사춘기에는 소를 잃어버리는 일이 생길 수도 있기에 사후 대처도 중요해요. 이미 엎질러진 물, 쏴버린 화살이지만, 부모가 대응하는 태도에 따라 일어난 일이 아이에게 교육적으로 작용할 수도 있고, 평생 지워지지 않는 낙인이 될 수도 있기 때문이지요. 부모에게는 답답한 일이 일어났다고 해서 낙담하기보다는 마음을 다잡으며 아이에게 의연하게 대처하는 태도가 필요해요.

부모는 혼내는 것만으로 끝내면 안 된다

우리는 부모로서 예기치 않은 일에 어떻게 대응해야 할까요? 우선 갑자기 툭 튀어나오는 당황스러운 일이 도대체 무엇이 잘못되어 일어났는지 차근차근 짚어봐야 해요. 앞서 살펴본 승열이의 사례에서는, 첫째로 부모님의 돈에 손을 댄 일, 둘째로 부모님 몰래 게임을 한 일이 잘못된 일이었어요. 특히 부모님의 돈에 손을 댄 일은 그냥 넘어가서는 안 되는 커다란 일이지요. 아무리 사춘기라도 아들이 명백히 잘못했다면 정확하게 지적하고 책임을 지도록 가르쳐주는 과정이 필요해요. 진정으로 아들을 위한다면 말이지요.

그렇다고 해서 무조건 혼내고 윽박지르는 것은 좋은 방법이 아니에요. 예전에 부모가 자라던 시절에는 체벌과 엄하게 혼나는 것만이 유일한 방법인 줄 알았어요. 이런 과정을 통해서 아이 역시 마음속에 있는 죄책감을 어느 정도 덜기는 했었지요. 부모에게 혼나거나 체벌을 받으면 비로소 끝난 것 같아 안도하는 마음이 들거든요. 하지만 이것은 교육적으로 제일 나은 방법이 아니에요. 앞서 언급했듯이 아들은 부모에게 혼나거나 체벌을 받으면 자신의 잘못이 '끝났다'라고 확신하게 돼요. 자기 잘못을 '엄마(아빠)한테 혼났으니까 끝난 거지'라고 아무렇지 않게 생각하는 셈이지요. 그래서 무조건 혼내고 윽박지르는 방법은 얼핏 효과적으로 보일 수도 있지만, 좋지 않은 방법이에요.

아들이 잘못을 인정하고 책임지게 하는 효과적인 방법

• 방법 ① 공감하기

"너 이 돈 어디서 났어?"

"현금으로 아이템을 얼마나 결제했어?"

아들에게 심문하듯 캐물으면 순순히 답해줄까요? 아들도 생각이 있어 이리 피하고 저리 피하느라 계속 거짓말을 할 수밖에 없어요. 솔직히 순순히 답해주는 아이는 정말 몇 없거든요. 그래서 일단은 아들이 자기 잘못에 대한 거짓말을 조금이라도 덜할 수 있도록 마음에 공감해주는 것이 중요해요.

"게임하고 싶었어? 그래서 몰래 한 거야?"

"아이템이 있으면 게임이 잘돼서 돈으로 결제한 거야?"

일단은 아들이 잘못된 행동을 한 경위부터 이야기하도록, 그래서 마음속으로 조금은 편하게 느낄 수 있는 환경을 조성해주는 것이 중요해요. 물론 이때도 부모의 속은 썩어 문드러지겠지요. 잘못한 아들을 보면서 마음 편한 부모는 거의 없거든요. 하지만 교육적인 효과를 위해서 일단은 공감하는 일부터 해야 한다는 사실을 염두에 두면 좋겠습니다.

• 방법 ② 잘못한 일에 대해 사실적으로 지적하기

공감하기를 마쳤다면 아들이 잘못한 일에 대해 사실적으로 지적하는 과정이 필요해요. "네 행동은 이런 면에서 잘못되었고, 그건 용납되지 않는 거야"라고 분명하게 일러줘야 아들에게도 자신의 행동을 다시 판단해 볼 수 있는 여지가 생기거든요. 그러고 나서 잘못한 일에 대해 책임질 방법을 찾도록 도와줘야 해요. 바로 이 지점이 윽박지르고 혼내는 것과는 차이가 나는 부분이에요. 부모가 윽박지르고 혼내면 아들은 잘못에 대한 책임을 그때그때 모면할 뿐이지만, 교육적으로 말하는 방법은 자신의 잘못에 대한 책임을 더 철저히 지게 만드니까요.

• 방법 ③ 책임질 수 있는 현실적인 방법 찾기

"승열아, 네 마음을 이해는 하는데, 엄마 아빠가 없는 방에서 돈을 가져가면 되겠니?"

"아뇨."

"당연히 잘못할 수는 있는데, 잘못하고 나면 책임을 져야 해. 넌 어떻게 책임질래?"

"……"

"자, 이제부터 구체적으로 어떻게 책임을 져야 할지, 넌 뭘 해야 할지 생각해보자."

이렇게 말하면서 아들이 혼자서 곰곰이 생각할 수 있는 시간을 주세요. 그러고 나서 함께 이야기를 나누며 자신이 책임질 수 있는 행동을 종이나 공책에 써서 차근차근 정리하게 하면 효과적이에요. 부모님은 아들이 직접 작성한 '행동 목록'을 보면서 그것이 책임을 지는 행동인지 아닌지 이야기해주세요. 승열이의 행동 목록에는 다음과 같은 내용이 적혀 있었어요.

① (돈은 아깝지만) 온라인 게임 계정 탈퇴하기

② 컴퓨터나 태블릿은 부모님 앞에서만 사용하기

③ 전자 기기의 사용은 부모님 말씀에 따르기

④ 다른 사람의 돈에 절대 손대지 않기

⑤ 부모님에게는 정직하게 말하기

승열이는 한동안 냉장고 문에 붙여둔 '책임지는 행동 목록'을 보면서 마음을 다잡았어요. 물론 그 목록이 하나 있다고 해서 다른 문제를 일으키지 않은 것은 아니지만, 예전보다는 차분하게 자기 잘못을 인정하고 잘하려고 노력하게 됐지요.

아들의 사춘기는 절대 물 흐르듯 부드럽게 지나가지 않아요. 때때로 커다란 파도가 불시에 덮쳐 우리가 그 속에서 허우적대기도 하니까요. 피할 수 없는 일이 다가왔을 때 교육적으로 해결해나가기 시작하면 예기치 않은 일의 빈도는 확실히 줄일 수 있어요. '자주'에서 '종종'으로 말이지요. 평안한 사춘기를 위해서 아들이 잘못한 일이 있다면 되도록 교육적으로 해결하려는 마음을 부모가 먼저 가지면 좋겠습니다.

깊이 있는 부모가 되려면

대개 초등학교 5~6학년부터 이전 학년과는 성격이 다른 학교 폭력 사안이 접수되기 시작해요. 바로 '성(性)' 관련 사안이지요. 성과 관련해서 이성 친구를 기분 나쁘게 만드는 이야기를 하거나 같은 남자아이끼리 주요 부위를 만져서 성추행으로 신고를 당해요. 또는 다른 아이의 바지를 벗기거나 휴대폰으로 신체 부위를 사진으로 찍고 퍼뜨려서 신고를 당하기도 하고요.

성 관련 사안의 경우 안타까운 점은 학교 폭력으로 접수되면 학교에서도 곧바로 경찰에 신고해야 하기에 신고를 당한 아이는 경찰의 조사를 받게 된다는 사실이에요. 피해자가 수사 처벌을 원한다면요.

가해자든 피해자든 아이가 성 관련 사안에 얽히면 부모는 말로 표현할 수 없을 만큼 속상하고 답답해요. '어떻게 우리 아이가 이런 일에?' 하는 마음에 잠도 오지 않고요. 답답함은 비단 성 관련 사안뿐만 아니라 다른 학교 폭력 사안에 휘말리게 되어도 마찬가지예요. 한동안은 너무나 속상하고 모든 것이 무너지는 느낌을 받을 수밖에 없어요. 그야말로 마른하늘에 날벼락이니까요.

행여 아들에게 반갑지 않은 일이 찾아오더라도 우리는 부모로서 아들과 함께 그 일을 겪어내야 해요. 그냥 겪어내는 것이 아니라 아들을 위해 지혜롭게 겪어내는 것이 필요하지요. 아들이 학교 폭력 사안의 가해자가 된다면 그 일을 겪으면서 어떻게 하면 교육적으로 아이를 변화시킬 수 있을지 고민해야 하고, 반대로 피해자가 된다면 어떻게 해야 아이가 충격에서 빠져나와 일상으로 돌아갈 수 있을지 도움을 줘야 해요.

그밖에 마주할 수 있는 다른 일에도 우리는 부모로서 어느 정도 모범답안을 가지고 아이에게 버팀목이 되어줘야 하고, 인생을 살아가기 위한 지혜를 가르쳐줄 수 있는 선생님이 되어줘야 해요. 이전까지와는 차원이 다른 깊이가 필요한 사춘기의 부모. 깊이 있는 부모가 되기 위해 우리는 마음속에 미리 지혜를 채워 넣어야 합니다.

사춘기 아들과 지내다 보면 종종 감정이 앞설 때가 있어요. 대화가 과열되어 감정이 격앙된 나머지 좋지 않은 말이 입 밖으로 나갈 때도 있고, 아들의 감정적인 말에 기분이 나빠서 똑같이 짜증 섞인 말을 내뱉을 수도 있지요. 또래 친구와 관련된 일로 감정이 상한 나머지 자기가 단군 신화의 주인공인 양 방을 동굴 삼아 밖으로 나오지 않는 아들 때문에 답답할 수도 있어요. 이성의 도움을 얻지 못한 채 감정이 앞서려고 할 때, 원칙은 우리를 다시 이성의 친구로 만들어줘요. 어떤 상황이 벌어질 때 머릿속에 잘 정리된 원칙은 의식적으로 그 상황을 대처하게끔 해주거든요.

사춘기 아들에게 가장 빈번하게 일어나는 상황은 아들이 동굴 속으로 들어가는 일이에요. 아들은 자신만의 물리적·심리적 공간을 지키려고 해요. 그럴 때마다 우리는 답답함을 느끼지만, 아들의 공간을 지켜주는 일은 꼭 필요해요. 약간의 느긋함을 가지고 말이지요. 아들과 대화를 하면서 부지불식간에 격앙되는 순간도 찾아와요. 이때 부모에게 여유가 없다면 대화는 파국으로 치달을 수도 있어요. 평소에 부모가 말과 마음을 잘 살펴야 하는 이유예요. 또래 친구나 다른 관계에서 생긴 문제에 대처할 때도 원칙을 가져야 해요. 그래야 아들이 자신을 지키고 타인의 경계를 침범하지 않으며 균형 있게 관계를 유지해나갈 수 있으니까요.

때때로 아이와 실랑이를 하다가 부부 싸움으로 이어지는 일도 있어요. 엄마 아빠가 어떤 역할을 해야 할지, 위기 상황에서 어떤 원칙으로 서로를 대해야 할지 미리 고민해봐야 하는 이유예요. 원칙이라는 울타리가 있으면 힘든 상황에서도 선을 넘지 않고 그 안에서 자연스럽게 대처할 수 있을 거예요.

2장

사춘기 아들 부모가 꼭 지켜야 할 5가지 원칙

원칙 ①
아들만의 물리적·심리적 공간을 지켜준다

[문제]

다음 중 아들이 가장 편안함을 느끼는 공간은 어디일까요?

① 화장실

② 자기 방

③ 거실

④ 주방

⑤ PC방

정답은 몇 번일까요? 한번 맞혀보세요. 아마 ③, ④번은 정답이 아닐 거예요. 아들에게 집 안의 공용 공간은 마냥 편하지는 않으니까요. 그렇다면 이제 남은 ①, ②, ⑤번 중에 무엇이 정답일까요? 아들의 마음가짐에 따라 3가지 중 하나가 정답이 될 거예요. 대부분은 화장실 또는 자기 방이 가장 편안한 공간이에요. 그런데 집에서 잔소리를 너무 많이 듣는다면 아들에게 편안한 장소는 PC방처럼 집 밖의 특정 공간이 될 수도 있지요. 어쩌면 PC방, 어쩌면 코인 노래방, 어쩌면 늦은 밤의 동네 놀이터.

아들이 집 밖에서 편안함을 느끼는 일을 막으려면 반드시 심리적인 공간을 지켜줘야 해요. 그래야지만 화장실이든 자기 방이든 집 안의 장소가 아들에게 가장 편안한 공간이 될 수 있거든요. 그런데 부모는 부지불식간에 아들에게 레이저를 발사해요. 공부를 제대로 안 해서, 옷을 벗어 여기저기 널브러뜨려서(정리정돈은 보통 많이 포기해요), 다시 말해 아들이 보여주는 모습이 부모의 기대에 미치지 못해서 잔소리하고 짜증 내는 일이 잦아지면 아들은 집 안을 절대 편안하게 느끼지 않을 거예요.

물리적인 공간 지켜주기

사춘기 아들을 키우는 부모가 가장 먼저 고민해야 할 것은 자기 방이든 화장실이든 집 안 어느 한곳에서라도 아들이 편안함을 느끼도록 충분히 존중해줘야 한다는 점이에요. 사춘기 아들은 어떤 날은 방에 혼자 콕 박혀서 안 나올 수도 있고, 또 다른 날은 화장실에서 아주 많은 시간을 보낼 수도 있어요. 부모가 보기에는 말이지요. 아들 생각에는 혼자 있는 시간이 얼마 되지 않는 것 같은데, 부모는 아들과 이야기하고 싶은 마음이 앞서는 바람에 아들이 편안하게 혼자 있어야 할 시간에 잔소리하게 될 수도 있어요. 민우 엄마처럼 말이지요.

"야, 빨리 나와!"

"왜요? 씻고 있단 말이에요."

"너 지금 샤워한 지 30분도 넘었거든? 그냥 물 받아놓고 목욕을 해. 너 때문에 수도세랑 가스비가 찜질방처럼 나와!"

"씻을 때는 잔소리 좀 안 하시면 안 돼요?"

중학교 1학년 민우. 화장실에 들어가면 기본이 30분이에요. 말이 30분이지, 어떤 날은 한 번 들어가면 1시간을 넘기는 때도 있어요. 덕분에 민우 엄마는 짜증이 있는 대로 나지요. 얼른 씻고 나와서 밥도 먹고 숙제도 하고 공부도 해야 하는데, 화장실에만 들어가면 시간이 멈춘 듯 느릿느릿한 아이 때문에 속이 답답해져요.

민우의 사례처럼 사춘기 무렵에는 화장실에서 시간을 보내는 아이들이 많아요. 오랜 시간 화장실에서 체류하는 사춘기 남자아이들. 화장실에 오래 머무는 이유는 무엇일까요? 가장 그럴싸한, 씻는다는 핑계로 그냥 화장실에서 혼자 있는 걸 좋아하는 아이들이 많아요. 나만의 공간, 아무도 침범하지 않는 공간에서 편안함을 느낄 수 있으니까요. 물론 방도 자기만의 공간이기는 하지만, 사실 화장실이 방보다는 더 안전해요. 웬만해서는 나오라는 말을 하지 않고, 불쑥 문이 열리는 일도 거의 없거든요. 특히 씻고 있거나 용변을 보고 있을 때는요.

아이들은 샤워기의 물을 틀어놓고 노래를 흥얼대는 일을 좋아하기도 해요. 물소리를 반주 삼아 마음대로 노래를 부르며 스트레스를 풀기도 하니까요. 그런가 하면 어떤 아이는 폭포수 아래 도인처럼 떨어지는 물방울이 몸에 닿는 게 좋다고 말하기도 해요. 그래서 민우 엄마처럼 샤워기 밑에서 체류하는 시간이 긴 아들을 둔 엄마는 수도세와 가스비가 많이 들어요. 고지서만 봐도 아들이 한 달에 몇 시간이나 화장실에 머물렀는지 대략 짐작할 수 있는 경지에 이르기까지 할 만큼요.

화장실에서 아들이 샤워만 하지는 않아요. 어떤 아이는 얼굴에 난 여드름을 보면서 다른 곳에는 나지 않았나 이리저리 살피고, 또 다른 아이는 한 올, 두 올 나고 있는 수염(사실은 솜털에 더 가깝지만…)을 쳐다보면서 흐뭇해해요. '와, 대박! 나 이제 수염 좀 나네'라고 생각하며 아빠 면도기를 잡고 면도하는 흉내를 내느라 화장실에 오래 있기도 하지요. 그런가 하면 어떤 아이는 샤워를 하다가 주요 부위가 센 물줄기에 닿은 느낌이 야릇해서 자기 몸을 탐색하기도 하고요. 이런저런 이유로 화장실에 오래 있는 아들. 사춘기에 화장실에 오래 있는 것은 일반적인 현상이기 때문에 과도하게 걱정하지 않아도 괜찮아요. 물론 샤워를 너무 오래 한다면 비용이 부담스러워질 수 있겠지만, 이상한 행동은 아니니까 안심해도 됩니다.

여기서, 잠깐! 만약 아들이 방에 있을 때 부모가 지나치게 간섭한다면 어떤 일이 벌어질까요? 당연히 화장실에서 보내는 시간이 길어집니다. 방에 있는 시간이 편안하다면 굳이 화장실에 가지 않아도 되는데, 방에 있을 때 엄마 아빠가 사사건건 잔소리를 한다면 아들은 화장실로 도망갈 가능성이 높거든요. 스마트폰을 들고 화장실에 가면 편안한 시간을 보낼 수 있으니까요. 아들이 화장실에 너무 오래 머문다고 해서 걱정할 필요는 없지만, 그래도 화장실에서 조금 덜 시간을 보내도록 아들이 방에서 지내는 시간을 부모님이 충분히 존중해주면 좋겠습니다.

심리적인 공간 지켜주기

아들의 물리적 공간을 지켜주는 일은 사실 심리적 공간을 존중하는 데서 출발해요. 부모가 여유를 줄 수 있어야 아들도 자신의 공간에서 편안함을 느낄 수 있을 테니까요. 사춘기는 유년기와는 달라요. 무엇이든 부모님에게 기대어 해결하고 안정감을 찾던 때에는 부모님의 도움과 관심이 절대적이었어요. 그에 반해 사춘기는 '자아'를 찾아가는 시기예요. '혼자서', '스스로'가 중요한 시기지요. 그래서 더더욱 아들에게 비어 있는 장소, 즉 공간(空間)을 주는 것이 중요해요.

아들이 이제 어른이 될 준비를 하고 있다는 사실을 인정해주세요. 물론 아직은 경제적으로 관계적으로 부모의 손이 필요한 일들이 많아요. 하지만 꼭 필요한 일이 아니라면 아들이 알아서 하도록 간섭하지 않는 것이 중요해요. 이제 부모 품을 떠나기 위해 채비를 하는 중임을 부모가 인정해줘야 하지요.

전작 『아들을 잘 키운다는 것』에서 소개한 북아메리카의 라코타 인디언 이야기를 예로 들어볼게요. 라코타 인디언은 아들이 사춘기가 되면 엄마에게서 떨어져 지내며 아들과 엄마 사이를 분리하는 작업을 했어요. 아들의 진정한 독립을 위해서 말이지요. 아들을 교육하며 억지로 물리적인 공간을 분리하는 것은 어려운 일이에요. 하지만 심리적인 공간은 충분히 가능하지요. 부모가 심리적인 공간부터 제대로 분리한다면 아들이 어른으로서 단단하게 살아나가는 토대를 마련할 수 있을 거예요.

한 걸음 더

화장실에 오래 머무는 일이 문제가 될 때

부모로서 아들의 물리적인 공간을 최대한 지켜주기 위해 노력해야 하지만, 때때로 화장실에 오래 머무는 일이 문제가 될 때가 있어요. 아이가 너무 무기력한 나머지 화장실에서 오랫동안 멍하니 있을 때, 혹은 스마트폰을 가지고 들어가서 1시간 이상 게임에 몰두하거나 영상을 볼 때는 부모가 신경을 써서 적절히 개입하는 일이 필요해요.

우선 아들이 화장실에서 멍하니 있는 이유는 스트레스를 받기 때문이에요. 공부가 힘들거나 학교에서 친구들과 문제가 있을 때 아이는 화장실이라는 동굴 속으로 숨으려고 하거든요. 그래서 평소 화장실에 오래 있었던 아이가 아닌데 어느 순간부터 부쩍 그 시간이 늘어났다면 아이에게 어떤 일이 일어났는지 확인해볼 필요가 있어요. 3장 130쪽에 나오는 학교 폭력 이상 징후를 확인해서 혹시 내 아들에게 그런 징후가 나타나지 않는지 자세히 살펴보고 대처해주세요. 그런가 하면 아들이 공부 때문에 스트레스를 받을 수도 있어요. 사춘기는 학업 스트레스가 정점일 때니까요. 아들과 이야기를 나누는데 "학원 다니기가 너무 힘들어요", "공부가 힘들어요"라는 말을 자주 한다면 아들의 공부 스트레스를 줄일 방법을 함께 찾아보면서 힘든 마음을 달래주는 일도 필요해요.

스마트폰이나 태블릿을 가지고 화장실에 들어가서 게임을 즐기는 아이도 있어요. 왜 굳이 화장실에 가서 할까요? 아들에게 방은 부모님이 언제나 들어올 수 있어 몰래 게임을 하기 어려운 장소예요. 반면에 화장실은 아들의 말을 빌리자면 '비교적 은폐 엄폐'가 가능한 곳이지요. '똥을 싼다'라고 말하면 부모님도 우선은 '배가 아픈가 보다'라고 생각하지, 처음부터 게임을 할 거라고 생각하지는 않거든요. 상대적으로 편안하고 안락하며 무엇을 해도 들키지 않는 공간인 화장실에서 한두 시간씩 게임을 하는 아이가 꽤 많아요. 특히 온라인 게임은 아이들이 시간 가는 줄을 모르고 할 수밖에 없어요. 온라인상에서 다른 사람들과 팀을 이뤄 싸우는 게임은 너무 재미있어서 한번 시작하면 한두 시간은 우습게 지나가거든요. 이처럼 화장실에서 너무 과도하게 시간을 보낸다면 무엇을 들고 가는지 확인해볼 필요가 있어요.

아들이 화장실에서 게임을 하는지 확인해보고 싶다면 은밀하게 현장을 잡아야 해요. 아들에게는 다 나름의 계획이 있어서 들키지 않기 위해 주도면밀하게 움직이거든요. 부모님이 거실에 없는 시간을 틈타 스마트폰을 옮겨 놓기도 하고, 화장실 선반 깊숙한 곳에 태블릿을 두기도 해요. 심지어는 환풍기 구멍을 통해서 화장실 천장 벽에 스마트폰이나 태블릿을 숨기는 아이도 있어요. 의심하는 마음으로 "너 화장실에서 게임했지?"라고 물어보면 아들은 "아뇨? 무슨 게임이에요?" 하면서 거의 100%의 확률로 시치미를 떼요. 그래서 게임을 하느라 화장실에 오래 있는 경우는 인내심을 가지고 아들이 게임을 하는 현장을 잡을 수 있도록 고민해봐야 합니다. 화장실 앞을 지키고 있다가 아들의 손에 핸드폰이 없으면 화장실을 수색해보는 것도 하나의 방법이니 참고해주세요.

게임을 하거나 아들이 스트레스를 받는 상황이 아니라면 화장실에 오래 머무는 일은 문제가 되지 않아요. 사춘기에 일어나는 정상적인 일이니까요. 오히려 씻지 않고 고양이 세수만 하는 아이가 더 문제일 수도 있어요. 수도세와 가스비 지출은 감수해야겠지만, 오래 샤워하는 아들에게는 문제가 없으니 안심해도 괜찮습니다.

원칙 ②
부모 자신을 먼저 돌보고 나서 아들을 상대한다

1장에서 살펴본 바와 같이 사춘기 아들의 뇌는 한창 리모델링 중이라서 충동과 갈등을 일으켜요. 뇌가 발달하는 과정에서 아들은 충동적으로 행동하기도 하고, 아무런 생각이 없어지기도 하지요. 이런 아들을 잘 가르치고 다독여서 무탈하게 지내게 하려면 부모는 아들을 이해해야만 해요. 그래야 갈등을 슬기롭게 헤쳐 나갈 수 있으니까요.

'받아준다.'
'이해해준다.'

우리는 이미 정답을 잘 알고 있어요. 부모에게는 참을 인(忍) 글자 3개가 필요하다는 사실도 말이지요. 참고, 참고, 또 참아야 아들과 실랑이하면서 소리 지르는 일을 예방할 수 있으니까요. 알고 있지만 실천하기는 참 어려운 일이에요. 부모도 부모만의 감정이 있는 사람이고, 마냥 참다가는 언젠가 "펑!" 하고 터져버릴 수도 있거든요.

우선 부모 자신부터 돌본다

미국에서는 수감인들의 가석방 여부를 결정하기 위해 가석방심의위원회를 열어 심사를 진행해요. 같은 죄를 짓고 같은 형량을 복역 중인 사람들을 대상으로, 역시 동일한 사람으로 구성된 위원회의 결정이 무엇에 따라 달라지는지 2011년에 분석한 연구 결과를 보면 참 흥미로워요. 같은 죄를 짓고 같은 수감 생활을 하는 사람들이 '이것' 하나에 따라서 가석방 여부가 결정되었다고 해요. 과연 무엇이었을까요? '이것'이 이뤄지기 전에 위원회를 열어 심사를 진행하면 20%가, '이것'이 이뤄지고 난 후에는 65%가 가석방되었다고 해요. 정답은? 바로 점심이에요. 가석방 여부를 결정하는 요인이 점심이라니 놀라운 일이지요. 모든 조건이 똑같은데 점심식사 이전과 이후에 따라 가석방의 확률이 달라지다니 말이에요.

이 연구가 사춘기 아들의 부모인 우리에게 시사하는 바는 무엇일까요? 인간의 의지는 가장 기본적인 욕구에 좌우될 만큼 나약하다는 사실이에요. 같은 죄를 지은 수감인들의 가석방이 위원들의 식사 여부에 따라서 결정되는 현실. 우리는 흔히 의지는 강하다고 알고 있지만, 그 의지를 지탱하고 유지하는 것은 인간으로서 가진 기본적인 욕구예요. 다시 말해 기본적인 욕구가 충족되지 않으면 의지는 없을 수도 있다는 것. 아들의 감정을 받아주고 참아주는 힘이 없어질 수도 있다는 것이지요.

그래서 사춘기 아들을 상대하기 위해 부모는 자신부터 편안하게 돌볼 필요가 있어요. 직장의 일이나 타인과의 관계에서 받은 스트레스를 편안하게 해소하는 일, 잠을 충분히 자는 일, 밥을 제때 먹는 일, 온전한 휴식을 취하는 일, 일상에서 마음을 돌보는 일… 부모가 아들에게 편하게 대하기 위해서 먼저 해야만 하는 일이에요. 사실 이것도 말만 쉽지, 절대 쉽지 않은 일이에요. 직장에서 스트레스를 받으면 집에 돌아와서도 계속 생각이 나요. 잠을 충분히 자는 일? 아들과 실랑이하고 공부를 봐주고 나면 밤늦게야 '내 시간'이 생겨요. 맥주 한 잔을 마시거나 침대에 누워서 영화나 드라마를 보는 일은 '내 시간'이 되어서나 즐길 수 있지요. 그런데 불행하게도 바로 이 시간이 최소한의 수면 시간이에요. 분명 피로에 시달릴 것이 뻔한데도 우리는 '내 시간'이라는 이유로 그런 달콤함을 끊지 못할 때가 많지요.

이외에도 부모는 스트레스를 받을 일이 정말 많아요. 대출 이자 같은 경제적인 일, 원 가족과 겪게 되는 갈등 등의 관리에도 노력이 필요해요. 배우자와 이야기하며 마음을 달래거나, 기관을 찾아 상담을 받는 일도 시도할 필요가 있지요. 그리고 물론 '내 시간'도 중요하지만, 기본적인 체력을 유지하기 위해 수면 시간도 충분히 확보해야 해요. 즉, 부모가 이리저리 흔들리는 사춘기 아들과 잘 지내기 위한 의지를 다지려면 일단 부모 자신부터 기본적인 욕구를 충족해야 합니다.

아들이 생각하고 행동하도록 계속 이야기한다

때때로 아들은 생각이 없는 것처럼 보여요. 내일까지 해야 할 숙제가 있는데 게임부터 하고, 친구들과 어울려 놀다가 위험한 행동을 마다하지 않아요. 자전거도 조심조심 타면 좋을 텐데 헬멧도 쓰지 않고 찻길로만 다니면서 신호까지 안 지키고… 하나하나 나열하면 A4 용지 한 장은 족히 채울 수 있을 만큼 생각 없이 행동하는 때가 많지요. 사실 사춘기 아들은 보상의 느낌을 더 많이 받고 싶어 해요. 신경 전달 물질인 도파민의 분비와 반응이 강화되어 자극을 추구하는 데서 쾌감을 느끼거든요. 자극과 관련된 행동 시스템이 전두엽과 연결되어 이성적인 생각을 할 수 있으면 좋을 텐데,

그게 잘되지 않지요. 앞서 이야기한 것처럼 전두엽과 다른 부위들이 느슨하게 연결되어 있기 때문이에요. 그래서 사춘기 아들에게는 이성적으로 행동할 수 있게 만드는 인위적인 노력이 필요해요.

"생각하고 행동해."

사춘기 아들 부모가 아들에게 귀에 못이 박히도록 말해줘야 하는 문장이에요. 사춘기 아들은 뒷일을 생각하지 않아요. 물론 뒷일을 생각할 수 있기는 해요. 하지만 현재의 충동을 실현해서 얻는 보상이 너무 큰 나머지 뒤에 감당해야 할 일을 제대로 생각하지 못하는 경우가 많아요. 여기에 또래 집단과 있을 때는 엉뚱하고 위험한 일을 하면서 과시하고 싶은 욕구까지 더해지기 때문에 아들은 위험하거나 잘못된 일을 실행해버릴 때도 있어요.

사춘기 아들에게는 10대들이 할 수 있는 잘못된 일에 대해 자세하게 이야기해주고, "아, 너무 지겨워요"라는 소리를 계속하더라도 끝까지 상기시켜주는 것이 중요해요. 미국의 뇌 과학자 프랜시스 젠슨(Frances Jensen)은 전두엽의 미래계획기억을 활성화하는 게 중요하다고 말했어요. 미래에 특정 행동을 수행하겠다는 의도를 마음속에 유지하는 능력 말이지요. 특정한 상황이 되었을 때, 어떻게 행동해야겠다는 로드맵이 있으면 자칫 충동적으로 행동하려다가도 행동을 수정하게 될 수 있거든요. 귀에 못이 박히도록 들었던 그 말이 어느 순간 자신을 지켜주는 안전벨트가 되는 셈이에요.

이것은 마치 군대에서 받는 훈련과 거의 비슷해요. 장차 아들이 가게 될 군대에서는 수많은 반복 훈련을 하거든요. 사격을 예로 들면, 단 한 번의 실전 사격을 위해 손과 팔에 피가 나고 알이 배기는 사격술 예비 훈련인 PRI를 수백 번 반복하지요. 신기한 것은 이렇게 훈련을 하고 나면 놀랍게도 실제 상황에서 저절로 훈련한 대로 몸이 움직인다는 거예요. 아들의 행동도 마찬가지예요. 사춘기 아들이 부모의 말로써 미리 위험한 일을 간접 경험한다면 실제로 그 상황이 되었을 때 자칫 충동적으로 행동하는 일을 삼가는 힘이 생길 거예요. 아들이 아주 많이 지겨워할 수도 있겠지만, 더 큰일을 막는 데 이만큼 쉽고 간단한 방법은 없기 때문에 부모가 미리 계속해서 이야기를 해주면 좋겠습니다.

원칙 ③ 부모가 말 그릇을 키우기 위해 노력한다

"이 밤에 또 어디를 나가는데?"

"신경 쓰지 마세요. 밤에 친구도 못 만나요?"

"아무리 그래도 밤 10시에 밖에 나가는 건 아니지."

"왜 그렇게 사사건건 참견하세요?"

"이놈의 새끼, 싸가지는 밥 말아먹었어?"

중학교 2학년인 민우는 밤에 친구를 만나러 나가요. 놀이터에 가서 잠깐 놀고 온대요. 아빠는 조용히 대화를 하려다가 민우의 버럭 하는 소리에 화가 나요. 그래서 큰 소리로 말을 할 수밖에 없었지요. 차분하게 조곤조곤 말하고 싶지만, 예상치 못한 아들의 버럭에 부모는 종종 자제력을 잃기도 해요.

막말은 무조건 조심한다

아들과 대화하며 화가 나는 순간, "야, 이 나쁜 놈의 XX야!"처럼 입에서 나오는 대로 막 퍼부을 수도 있어요. 그러면 기분이 조금은 나아질 수 있을지도 몰라요. 하지만 한 번 입에서 나온 말은 안타깝게도 주워 담을 수가 없어요. 입에서 내뱉는 즉시 그대로 아들의 귀를 통해 뇌리에 박혀버리니까요. 절대 지워지지 않을 막말을 들은 아들은 아마 이런 생각을 할 거예요.

'엄마(아빠)는 맨날 저런 식이야. 말을 참 더럽게 해. 부모 맞아? 부모가 어떻게 아들한테 욕을 해? 내 귀가 쓰레기통이야?'

굳이 사춘기 아들이 아니더라도 누구든 막말을 들으면 수치심을 느껴요. 더 나아가 자괴감도 느끼고요. 결국 "나쁜 놈의 XX"라는 부모의 막말이 아들 마음속 깊숙이 자리 잡게 되는 셈이지요. 그리고 이런 마음은 아들을 위축시킵니다. 세상에서 제일 안전하고 편안해야 하는 부모로부터 모욕적인 말, 내팽개쳐지는 듯한 말을 들은 아이는 어떤 마음을 느낄까요? 생각만으로도 아찔하지요.

그런데 '막말하지 말아야지'라고 머리로는 생각하지만, 막상 갈등이 고조되는 상황에서는 자신도 모르게 그렇게 될 가능성이 있다는 것이 부모 앞에 놓인 큰 함정입니다. 부지불식간에 빠져버리니까요. 그래서 부모는 그런 상황에 직면했을 때 벗어나려고 최선을 다해 노력해야 해요.

감정을 조절하는 부모의 말 그릇

• 일부러 거리를 둔다

김이 펄펄 쏟아져 나오는 압력밥솥을 본 적이 있나요? 압력밥솥에서 한 번에 김이 "칙~" 하고 나올 때 독자님들은 어떻게 하나요? 그냥 그 김을 얼굴로 맞나요, 아니면 옆으로 피하나요? 부모 앞에 막말이라는 함정이 도사리고 있을 때, 부모가 가장 쉽게 할 수 있는 일은 자리를 피하는 것입니다. 다수의 심리학자가 사람들에게 권하는 방법이기도 하지요. 분노를 일으키는 일이나 사람에게서 물리적으로 거리를 두는 방법이에요.

아들이 무언가를 잘못해서 자신도 모르게 분노가 일어나는 일이 종종 생겨요. 그럴 때 얼굴이 빨개지고 심박수가 늘어나면서 "야!!!" 하고 소리를 크게 지르고 싶어진다면 재빨리 그 자리를 피하세요. 그 자리에 그대로 머물러 있다가는 소리를 지르는 일뿐만 아니라 아들에게 안 좋은 말을 할 수도 있거든요. 분노는 너무나 강력해서 우리의 뇌가 다른 것에 관심을 두게 만들지 않아요. 우리는 분노에 몰입하게 되고, 자신도 모르게 증폭되어 자칫 상처 주는 말을 아무렇지 않게 하게 될 수도 있어요. 그래서 분노에 몰입하기 전, 화가 느껴진다면 주의를 전환해서 잠시만 다른 곳으로 움직이세요. 주방에 있다면 안방으로, 거실에 있다면 화장실로, 그 자리에서 벗어난 다음에 마음을 다스리세요. 상당히 효과가 있는 방법이랍니다.

사전에 아들과 약속을 하는 것도 효과가 있어요. 서로 감정이 격앙된 상태에서는 말이 통하지 않기 때문에 "이따가 다시 이야기하자"라는 말로 잠시 상황을 멈추고, 10~20분 정도 시간을 둬 서로 화가 가라앉은 다음에 다시 이야기하는 것도 큰 도움이 됩니다.

• 화가 날 때는 오히려 살짝 웃거나 더 천천히 말한다

화가 치밀어 오른다면 살짝 웃어보세요. 그럴 상황이 아닌데 왜 웃으라는지 잘 이해가 안 된다고요? 이것 또한 심리학자들이 제시하는 방법의 하나인데, 자신이 느끼는 바와 정반대로 행동하는 것도 분노를 조절하기 위한 전략이 될 수 있거든요. 사람의 뇌는 스스로 행동을 관찰하면서 행동하는 대로 느끼게 만들어요. 화난 표정을 지으면 화난다고 느끼고, 웃는 표정을 지으면 웃는다고 느끼는 것이지요. 그래서 화가 나려고 할 때 살짝 웃는 표정을 지으면 뇌가 스스로 행동을 감지해 '기분 좋은 감정'을 느낀다고 생각하게 될 수도 있어요. 이때 분노가 살짝 사그라들지요. 물론 이 방법이 통하지 않을 수도 있지만, 한 번쯤 시도할 필요는 분명 있어요. 너무나 쉽고 간단한 방법이니까요.

마찬가지로 화가 날 때는 의식적으로 더 천천히, 더 부드럽게 말을 하는 것도 화를 덜 내게 만들어요. 수용성이 낮아지는 상황에서는 바로 반박을 하면서 말을 들어주기가 힘들거든요. 그러면 말이 빨라져 막말을 할 가능성이 커지게 되지요. 그래서 화가 날 때는 말하기 전에 "음~", "어~" 같은 말로 잠시 숨 돌리는 시간을 가진 다음, 한 박자 쉬고 나서 말을 해주면 좋아요. 혹은 규칙적으로 숨을 느리게 쉬는 것도 화를 제어하게끔 도와주는 행동 중 하나예요. 화가 치밀어 오르기 전에 감정을 미리 감지해 화의 물꼬를 다른 쪽으로 돌린다면 아들과 감정 소모하는 것을 피하기가 한결 수월해집니다.

• 의도적으로 유머를 섞어서 말한다

사춘기 아들과는 반복적으로 부딪히는 일이 참 많아요. 그제도, 어제도, 오늘도 같은 주제로 실랑이하는 때가 있거든요. 옷을 제자리에 벗어 놓지 않아서 서로 갈등을 겪는 일, 대표적으로 반복되는 일 중 하나예요. 이런 일은 발생하기 전부터 부모가 미리 이미지 트레이닝을 할 필요가 있어요. 일단, 아들과 실랑이하는 상황을 떠올려보세요. 대략 다음과 같은 순서로 일이 전개될 거예요.

> 내가 잔소리를 한다. → 아들이 버럭 화를 낸다. → 내가 더 크게 소리를 지른다. → 서로 소리를 지르다가 어느 순간 무엇 때문에 소리를 지르는 지도 모르고 계속 씩씩댄다.

화를 내고 나면 5분도 안 되어서 실랑이의 주제는 온데간데없고 화만 남아요. 서로 성질만 버리기 일쑤지요. 그래서 이럴 때는 실랑이의 주제를 잘 살펴보면서 어떻게 말할지 고민해봐야 해요. 특히나 잔소리는 누구든 듣기 싫어하는 말이라서 아들도 자연스럽게 버럭 하는 것은 불 보듯 뻔한 일이에요. 그래서 잔소리를 할 때는 약간의 유머를 섞을 필요가 있어요. 의도적으로 우스갯소리를 섞으면 '그래도 엄마(아빠)는 너를 대하는 여유가 있다'를 암시적으로 보여주며 분위기까지 전환할 수 있거든요.

> "이야~ 엄마가 사람을 낳은 줄 알았는데, 널 보다 보면 내가 뱀을 낳은 것 같아."
> "네? 무슨 뱀이요?"
> "옷 좀 봐봐. 허물을 벗은 것처럼 바닥에 줄줄이 있잖아. 허물만 보면 아나콘다 급이야. 허물이 방에 꽉 찼네."
> "에이~ 그래도 뱀은 아니죠."

"그래, 너 뱀 아니지? 얼른 빨래 바구니에 넣든지 옷걸이에 걸어놔. 엄마가 뱀처럼 확 물기 전에!"

"알았어요. 할게요."

물론 이미지 트레이닝을 하고 유머를 섞어서 말한다고 해서 실랑이가 바로 없어지지는 않을 거예요. 그래도 한번 시도해보세요. 갈등의 수위가 확실히 낮아질 테니까요. 한 번 두 번 그렇게 갈등의 수위를 낮추는 일이 반복되면 어느 순간 서로 큰 소리 없이 말하는 때가 찾아와요. 이 방법의 유일한 단점은 이미지 트레이닝을 어마어마하게 많이 해야 한다는 거예요. 사춘기 아들과는 실랑이 할 일이 한둘이 아니니까요.

하루에 몇 번씩 감정이 요동치는 사춘기 아들. 자신도 모르게 울컥하는 갱년기의 부모. 거듭 이야기하지만, 부모와 아들 사이에 갈등이 없을 수가 없는 시기예요. 갈등이 일어나면서 분노가 생길 때 부모가 그 수위를 조절하려면 상황을 개선하려는 노력이 필요해요. 부모가 말 그릇을 키우기 위해 애쓰는 자그마한 노력이 모이고 또 모이면 실랑이를 해결하는 실마리가 될 수 있지요. 사춘기 아들을 상대하는 말 그릇을 크게 키워 실랑이를 부드럽게 흘려보내는 지혜로운 부모가 되면 좋겠습니다.

원칙 ④
아들의 경계를 존중한다

또래 집단이라는 경계를 존중한다

사춘기 아들은 친구 관계에 부쩍 신경을 많이 써요. 정체성에 많은 영향을 미치는 요소가 또래 집단이기 때문이지요. 그래서 아들의 판단에 영향을 미치는 중심축이 부모에서 친구들로 옮겨가요. 특히 이 시기에는 아들이 부모에게 흔히 하는 말이 있어요.

"다른 애들은 다 이렇게 한단 말이에요."

스마트폰을 사주는 일, SNS를 사용하는 일, 친구들과 어울려 노는 일, 옷을 입는 일… 이 시기에는 매사에 또래 집단을 많이 의식해요. 그래서 사춘기일수록 부모가 더더욱 고민해야 할 것이 '다른 아이들은 어떻게 하는가?'예요. 다른 아이들이 절대적인 기준이 될 수는 없지만, 참고사항은 되어야 하는 이유지요. 사실 아들에게 전적으로 자유를 주기는 어려워요. 아들이 점점 성장하는 과정에 있다고 하더라도 스스로 규범과 인습을 제대로 지키기는 어려우니까요. 부모의 관리가 필요한 이유입니다.

그럼에도 아들에게 허용해줄 수 있는 부분은 어느 정도 허용해줘야 아들도 또래 집단 사이에서 함께 호흡하며 자신의 정체성을 찾아갈 수 있어요. 그런 시기를 지나 자의식이 확장되고 판단할 힘이 생기면 무엇이 옳은지 그른지, 어떤 것을 해도 되고 하면 안 되는지 스스로 고민하고 실행하는 힘이 생기지요.

해야 할 일과 하지 말아야 할 일의 경계를 세워준다

1장 56쪽 사례에서 만났던 PC방에 가는 민우. PC방에 가는 일이 당연한 아들에게 어느 날 갑자기 못 가게 하면 반발할 수밖에 없어요. 게임이 생활화되었기 때문이지요. PC방에 가서 아이들끼리 어울려서 게임을 주로 하는데, 못 가게 하면 친구들 사이에서 소외되는 기분을 느끼기 때문에 사실상 막는 것이 어려워요. PC방

출입을 애초에 막는 것이 좋았겠지만, 그렇지 못했다면 아들을 설득해서 PC방 방문 시간을 줄이거나 학원에 다니는 것처럼 다른 일에 대신 시간을 쓰도록 하는 것이 해결 방법이 될 수 있지요. 특히 연락이 잘 안 될 때는 돈 대신 체크 카드를 쓰게 해주세요. 그러면 최소한 아이가 어느 PC방에 있는지, 어느 편의점에 있는지 그때그때 문자로 알림이 오니까요. 단, 체크 카드를 사용하는 일은 사춘기가 오기 전에 시작해야 훨씬 효과가 있어요. 사춘기 이후에는 흔적이 남지 않는 현금을 더 선호하거든요. 중학교에 입학할 때 선물로 체크 카드를 하나 만들어주면 아들이 눈치채지 않게 부모의 의도를 실현할 수 있지요.

사춘기 아들을 키우는 부모가 많이 고민하는 것 중 하나가 친구 문제예요. 아들이 친구들과 어울리면서 다른 길로 새지는 않을지, 행여 마음속에 바람이 들지는 않을지 걱정되는 것이 사실이거든요. 특히나 요즘 아이들은 부모 세대와 비교하면 사춘기가 정말 많이 달라졌어요. 돈 씀씀이도, 여가를 즐기는 방법도요. 그래서 아들이 친구들과 놀러 가는 문제에서도 이해되지 않는 부분이 많아요. 왜 돈을 그렇게 많이 쓰는지, 꼭 밖으로 나가야만 하는 것인지, 왜 연락이 안 되는지 등 답답한 일투성이지요.

아들이 친구들과 동네를 벗어나 멀리 가는 일은 초등 고학년 때부터 많이 목격할 수 있어요. 그런데 이때부터 장거리 외출을 용인해주기 시작하면 중고등학생 때는 그런 일을 당연히 여기게 돼요.

그래서 초등학교 때는 친구들과 멀리 어딘가로 가는 일을 적당히 통제해야 하지요. 정말 어쩌다가 한 번 허락을 받고 나가도록 세팅하는 것이 나중을 위해서 좋거든요. 3장에서 자세히 이야기하겠지만, 사춘기 아들에게는 틈을 주지 않는 것이 중요하답니다.

주변의 '노는 아이'들과 어울리지 않도록 공부 등 다른 일에 몰두할 만한 여건을 마련해줘야 딴 길로 새는 일을 방지할 수 있어요. 친구들과의 교류도 분명 필요한 일이지만, 너무 앞서 나가지 않도록, 자기 자신에게 해가 되지 않도록 적정한 선을 지키게끔 통제해주는 일이 더 필요해요. 부모가 어느 정도 울타리를 세워서 아들이 해야 하는 일, 하지 않아야 하는 일을 확실하게 인지시켜줘야 합니다.

타인과의 경계에서 갈등을 해결할 방법을 가르쳐준다

앞서 살펴본 아들의 3가지 페르소나. 각각의 역할과 처한 상황에서 아들은 여러 가면을 만들어가며 타인과 교류해요. 그 과정에서 좋은 일만 있으면 다행이겠지만, 사람과 사람이 만나는 일인지라 갈등이 생길 수밖에 없어요. 서로 생각이 다르기 때문이지요.

피구를 할 때 선을 밟고 공을 던지면 아웃이 되는 것처럼 자신과 상대가 서로의 경계를 침범할 때, 관계는 갈등을 빚어내요. 때로는 내가, 때로는 상대가 선을 넘고 경계를 침범하는 순간, 아들은 상황을 정확히 파악하며 상처를 주거나 받는 일을 경계하는 연습을 해야 해요. 그래야 어른이 되어서도 마음을 지키며 살아갈 수 있을 테니까요.

1장 56쪽에서 살펴본 승열이와 선생님의 사례는 학교에서 흔하게 일어나는 일이에요. 수업 시간에 책상에 엎드려 있지 말라는 선생님의 말씀 한마디에도 아이들의 반응은 천차만별이에요. 어떤 아이는 반항하기도 하고, 어떤 아이는 혼잣말로 욕을 하기도 해요. 어떤 아이는 "선생님, 죄송합니다"라고 말하기도 하고, 어떤 아이는 조용히 꾹 입을 다물고 있다가 쉬는 시간에 친구들에게 선생님 욕을 하기도 하지요. 또 어떤 아이는 승열이처럼 집에 가서 선생님 때문에 죽고 싶었다고 말하기도 하고요. 기질에 따라서 다르겠지만, 반응할 때의 원칙만큼은 언제나 같아요.

타인을 존중하고 나를 해치지 않는 방식으로 반응한다!

자신의 행동을 살펴보고, 그 행동으로 인해 타인이 나에게 반응할 수도 있다는 사실을 인지하게 해주는 것이 무엇보다 중요해요. 승열이가 졸리면 엎드려서 잘 수도 있어요. 하지만 선생님에게 수업 시간은 학생들의 공부가 중요해요. 그래서 승열이가 엎드려서 자는 일을 허락하면 수업 분위기가 나빠지기 때문에 엎드리지 말라는 말을 할 수가 있지요. 이런 상황에서 부모가 아들에게 먼저 해줘야 할 것은 공감해주는 일이에요. '그래, 속상했겠구나.' 친구들 앞에서 창피했을 수도 있음을 인정해주는 것이지요.

그러고 나서 어느 정도 마음이 누그러진 다음에는 "만약에 네 수업 태도가 좋았다면, 그러니까 엎드려 있지 않았다면 어땠을까?"와 같은 질문으로 아들의 행동을 다시금 돌아보게 해주는 과정이 중요해요. 그저 공감해주고, 같은 편만 들어준다면 잘못된 행동이 반복되어 또다시 선생님만 원망하게 될 테니까요. 이런 일은 선생님과의 관계뿐만 아니라 친구 관계에서도 중요해요. 아들이 친구와 갈등이 생겼을 때, 일단 속상한 마음에 공감은 해줘야 하지만, 이와 더불어 상황을 입체적으로 분석하고 다시 한번 복기하는 시간을 가져야 같은 잘못을 되풀이하지 않을 수 있습니다.

사춘기를 지나는 동안 타인과의 관계에서 야기되는 수많은 일이 아들을 기다리고 있어요. 사춘기뿐인가요? 인생을 살아가는 동안 관계와 관련된 부침은 절대 피할 수가 없겠지요. 어려운 일이지만 사춘기를 지나는 동안 부모가 먼저 아들이 어떤 일을 겪을지 예상해보고 함께 고민하면서 난관을 극복하도록 조력해준다면 아들은 더 편안하게 관계의 어려움을 헤쳐 나갈 수 있을 거예요.

원칙⑤
엄마와 아빠의 역할을 고민하고 실행한다

아들이 사춘기를 잘 지내기 위해서는 아빠의 역할이 중요해요. 아빠는 아들이 가장 가까이서 볼 수 있는 성인 남자이기도 하고, 또 많은 영향을 받을 수밖에 없는 남자 어른이기 때문이지요. 아빠와 아들의 관계는 사춘기에 변화하게 돼요. 유년기 시절에 아들은 보호자의 역할을 하는 아빠를 영웅처럼 바라봐요. 아빠가 무엇을 해도 멋져 보이고, 아빠와의 놀이 시간도 좋아하고, 아빠가 자기 일에 관심을 가지고 지원하면 안정감을 느끼지요. 그래서 유년기에는 아빠와 좋은 시간을 보내는 것이 중요해요.

그런데 사춘기가 되면 아빠와 아들의 관계는 유년기와는 조금 달라져요. 아들이 독립적인 위치를 추구하면서 아빠와 약간 거리를 두려고 하거든요. 그리고 무엇보다 어릴 적에는 영웅 같았지만, 이제는 아빠에게서 평범하고 나이 든 남자 어른의 모습을 보게 돼요. 아들이 점점 자아를 강화하면서 간섭하는 아빠에게 불만이 생기는 시기이기도 하고요. 그래서 아빠와 충돌하거나 아빠에게서 강압적인 태도를 느끼면 관계에 균열이 생기기도 하지요.

사춘기도 유년기만큼이나 아빠의 역할이 중요해요. 아들의 성장과 발전에 많은 영향을 미치기 때문이에요. 그래서 사춘기 아들을 둔 아빠에게는 어떤 역할에 주력해야 할지 고민해보고 실행하는 일이 필요합니다.

사춘기 아들 아빠의 역할

• 지지자 역할

아들은 사춘기에 정체성을 찾아나가요. '나는 누구일까?', '인생은 무엇이지?', '살아가는 의미는 무엇일까?' 이런 생각을 하면서 앞으로 펼쳐질 삶의 여정을 고민하지요. 물론, 겉으로 보기에는 여전히 어리고 전혀 생각 없는 모습일지도 몰라요. 하지만 이런 질문들이 부지불식간에 아들을 지배해 의식 저편에서는 불안하고 두려운 감정을 가지기도 하지요. 한마디로 정신적으로 연약한 상태가 되는 거예요. 마치 꽃게가 탈피할 때 연약한 살을 드러내는 것처럼요. 겉으로 반항하고 버럭 하는 모습과는 달리 상처받기 쉬운 시기인 셈이지요. 이럴 때 아빠는 아들의 지지자가 되어줘야 해요. 아들 곁에서 도와주고, 조언을 해주며, 응원과 격려를 해주는 일이 중요합니다.

• 멘토 역할

아이는 부모의 등을 보고 자란다는 말이 있어요. 아빠의 등은 아들에게 생물학적으로 전해지는 유전자만큼이나 중요해요. 아빠의 모습을 보며 아들은 자라게 되니까요. 아빠는 아들에게 어떤 모습을 보여줘야 할까요? 어떤 모습이든 긍정적이면 좋을 거예요. 근면한 모습, 나쁜 일이 다가와도 방법을 찾으려 애쓰는 강건한 마음, 가족을 위하는 자상함… 남자로서 갖춰야 할 그런 모습을 아빠에게서 찾을 수 있다면 아들은 분명 멋진 남자로 자랄 거예요.

하지만 저 역시도 말만 쉽지 잘되지 않더라고요. 집에 오면 쉬고 싶고, 스마트폰을 보면서 시간을 보내고 싶어요. 저녁을 먹고 나서 책을 읽거나 뭔가 멋진 모습을 보여주고 싶은데, 실제로는 맥주 한 잔을 마시면서 시간을 보내고 싶거든요. 화가 나면? 있는 대로 화를 내고 싶기도 해요. 문제는 아빠의 화내는 모습은 엄마와는 결이 다르다는 점이에요. 엄마가 화를 내면 아들은 엄마에게 대들기도 해요. 아무래도 엄마는 아들보다 덩치도 작고 힘도 세지 않으니까요. 반대로 아빠가 화를 내면? 아들은 주눅이 들어서 크게 저항하지 못해요. 힘으로는 이길 수 없다는 사실을 아니까요. 그래서 아들이 크면 클수록 문제 상황이 생길 때, 아빠가 윽박지르는 것으로 통제하는 가정도 종종 있어요.

아빠의 윽박지르기는 당장은 효과가 있어 보이지만, 아들에게는 억울하고 답답한 마음이 쌓이고 피해 의식이 자라요. 자기 안에 쌓인 스트레스 때문에 조그만 일에도 예민하게 반응할 가능성이 커지지요. 또래와의 사소한 일에도 '급발진'하게 되고요. 윽박지르기로 당장의 반항은 피할 수 있겠지만, 아들의 마음은 병드는 셈이에요. 그래서 아빠는 되도록 화내거나 윽박지르는 일을 피해야 해요.

실제로 아빠가 아들에게 보여주고 싶은 모습과 보이는 모습에는 간극이 있어요. 사람이라서 그래요. 내키는 대로 하고 싶은 마음은 어쩔 수 없으니까요. 그런 인간적인 모습을 살피면서, 아빠로서 보여야 하는 모범을 지향한다면 아들에게 보이는 모습도 조금씩 바뀔 거예요. 10번 중에 한두 번만이라도 좋은 모습을 보여주려고 노력하다 보면 시간이 지날수록 좋은 모습의 빈도수가 늘어나고, 자연스러운 모습과 지향점이 일치하는 순간이 오지 않을까요? 그날을 위해서 멘토로서 모범을 보이려는 노력이 필요해요. 아들이 성장하면서 아빠도 성숙해지려는 마음가짐, 그게 아빠로서 꼭 가져야 할 태도지요.

• 친구 역할

아빠가 사춘기 아들에게 해줘야 하는 역할 중 제일 중요한 것은 좋은 시간을 함께 보내는 거예요. 몸으로 하는 활동, 아니면 아들이 좋아하는 활동을 함께하는 것이지요. 그런데 이때 꼭 염두에 둬야 할 것이 있어요. 바로 잔소리 줄이기와 물어보기!

아들은 잔소리를 싫어해요. 자기도 이제 클 만큼 커서 부모가 '이래라저래라' 하는 말을 듣고 싶지 않거든요. 물론 교육을 위해서 잔소리는 필연적이에요. 그럴수록 잔소리는 줄이고 또 줄여서 임팩트 있게 하는 것이 좋아요. 그래야 아들의 귀에 조금이라도 들려요. 잔소리가 많으면 대부분은 그저 소음에 불과하니까요.

잔소리와는 반대로 아들과 가까워지는 데 유용한 것이 바로 물음표예요. 물어보는 말은 아들의 어깨를 으쓱하게 해주거든요. '아빠가 이걸 나한테 물어보네' 하면서 기분 좋게 받아들이니까요. 아들과 여가를 보낼 때나 숙제를 봐줄 때 슬쩍 건네는 물음표는 아들의 자존감도 올려주고 관계도 탄탄하게 만들어주지요.

"어? 철권 콤보는 어떻게 하는 거야? 아빠는 잘 모르겠는데?"
"이야, 이 문제 참 어렵다. 근의 공식으로 푸는 건데… 근데 근의 공식이 뭐지?"

모르는 것을 구체적으로 콕 집어 아들에게 물어보세요. 아들이 신나서 알려줄 때 경청하는 모습을 보이면 아들은 아빠와 기꺼이 친구가 되려고 할 거예요.

사춘기 아들 엄마의 역할

• '멀어지는' 역할

사춘기 아들에게 엄마는 인내하는 사람이어야 해요. 아들을 기다려주는 역할이지요. 마치 학창 시절 국어 시간에 배웠던 설화 속 망부석처럼요. 말없이 기다리고 또 기다려주는 사람, 즉 '망부석이 되자'라고 결심해야 아들에게 잔소리를 덜할 수 있어요. 기질에 따라 다르겠지만, 엄마는 아빠보다 아들에게 간섭하는 횟수가 월등히 많아요. 아빠는 그냥 넘기는 것도 엄마는 "제대로 해라"라고 이야기하거든요. 물론 그런 잔소리가 필요 없는 것은 아니에요. 하지만 사춘기 아들에게 지시나 잔소리는 자신에 대한 공격으로 느껴질 수도 있기에 사춘기에 들어서면 아들에게 사사건건 하는 말을 줄이려고 의식적으로 노력해야 해요.

아들은 커가면서 엄마와 점점 분리되고 싶어 할 거예요. 여기서 분리는 다른 말로 '자립'이지요. 아들이 자립하기 위해서는 더 많은 물리적·심리적 공간이 필요해요. 그래서 엄마는 아들의 자립성을 존중하면서 엄마로부터 분리되고자 하는 아들의 노력도 인내

해야 하지요. 사실 이것이 가장 어려운 일이에요. 어떤 엄마에게 아들은 '또 다른 나'일 수도 있으니까요. 서로 강력하게 연결되었던 유년기와는 달리, 연결을 느슨하게 만들려는 아들의 노력과 거리 두기는 엄마에게는 쉽지 않은 일이에요. 조금 힘들더라도 엄마가 멀어지는 아들을 있는 그대로 바라봐줄 수 있을 때, 비로소 아들이 진정한 어른이 되어간다는 사실을 기억해야 합니다.

• 지지자 역할

사춘기 아들이 엄마에게 투덜대고 심드렁한 표정을 지어도 가장 중요하게 생각해야 할 것은 바로 '지지'예요.

'부모가 나를 인정하고 있는가?'
'부모가 나를 지지하고 있는가?'

아들은 이런 질문에서 긍정적인 답을 얻어야 안정감을 유지할 수 있어요. 겉으로는 한없이 센 척을 해도 사실 사춘기 아들은 상당히 연약해요. 그래서 틈날 때마다 아들에게 '너를 인정하고 있다', '너를 지지하고 있다'라는 마음을 전해줄 필요가 있지요. 아들에게 지지하는 마음을 전할 때 가장 안 좋은 것은 날카로운 눈빛이에요. 마치 레이저를 쏘는 것 같은 눈빛은 '지지하지 않는다'와 같은 표현이기 때문이지요. 가능하면 눈빛 속의 레이저를 최대한 감춰야 하는데, 엄마는 레이저를 쏠 수밖에 없어요. 점검하고 확인해야 할 것이 한둘이 아니거든요.

"숙제했어?"

"공부했어?"

"수행 평가 준비는?"

엄마는 점검 차원에서 말하지만, 아들은 간섭으로 느껴요. 엄마가 지나치게 통제한다고 생각할 수도 있고요. 아들이 해야 할 일을 확인하는 과정은 대화의 전부가 아니라 일부가 되어야 해요. 아들의 하루가 어땠는지, 아들의 기분이 어떤지 묻는 대화를 하다가 "~도 했어?"라고 묻는 것과 아들을 보자마자 "~했어?"라고 묻는 것은 천지 차이니까요.

가로수를 지지하는 버팀목을 본 적이 있을 거예요. 잘 살펴보면 버팀목은 선택적으로 버티고 있지 않아요. 어린나무의 모든 순간을 지지해주고 있지요. 엄마도 마찬가지예요. 아들이 공부하는 순간을 확인하는 것은 버팀목으로서 엄마 역할의 일부에 지나지 않아요. 아들의 자라는 매 순간 아들을 지지해주고, 대화 상대로서 감정을 이해하고 공감해준다면 아들은 엄마라는 버팀목을 통해 안정감을 느끼며 '건강한 남자 어른'으로 성장할 수 있을 거예요.

아빠의 자리가 비었을 때 엄마의 역할

아빠의 자리가 빈 채로 사춘기 아들을 키우는 엄마가 그 자리를 메우려면 아들과 끈끈하게 연결되어 있어야 해요. 최대한 자주 대화하고, 서로의 감정과 생각을 이해하려고 노력해야 하지요. 아들이 좋아하는 운동이나 활동을 엄마가 함께하는 것도 좋아요. 배드민턴, 보드게임 등 아들과 의미 있는 시간을 보낼 수 있는 모든 일에 적극적으로 참여하는 것이지요. 그리고 엄마는 아들의 올바른 역할 모델이 되어줘야 해요. 엄마 역시 아들이 모델링하는 대상이거든요. 멘토로서의 아빠 역할을 엄마가 충분히 해줘야 아들이 배우면서 자랄 수 있어요.

다른 남성 역할 모델을 찾는 것도 중요해요. 아빠의 부재를 채울 수 있는 할아버지, 삼촌 또는 다른 남자 어른과 아들을 연결해주고 함께 시간을 보낼 수 있게 해줘야지요. 그리고 엄마가 협력적인 부모 역할을 수행하면 아들에게 도움이 돼요. 일상생활에서 필요한 결정을 내릴 때 아들과 적극적으로 상의한다면 아들도 가정에 조금 더 애착과 책임감을 가질 수 있거든요. 필요한 경우라면 전문가와의 상담도 좋은 방법이에요. 아빠의 부재로 인해 엄마와 아들의 어려움이 지속된다면 전문가와 상담할 필요가 있어요. 상담을 통해 엄마와 아들의 관계를 개선하고, 아들의 성장과 발전을 지원하는 데 도움을 줄 수 있답니다.

엄마의 자리가 비었을 때 아빠의 역할

엄마의 자리가 빈 채로 사춘기 아들을 키우는 아빠는 아들에게 그 무엇보다 정서적인 지지와 안정성을 제공해줘야 해요. 아들과 자주 대화하고 공감하며 애착 관계를 지속해나가는 것이 중요하지요. 엄마처럼 세심하게 마음을 어루만져주면 좋겠지만, 그게 잘 되지 않을 수도 있어요. 그럼에도 가능한 한 아들의 마음에 세심하게 공감해주려고 계속 노력해야 하지요. 아들이 관심을 가지는 활동에 적극적으로 참여하고 함께 시간을 보내는 것도 유대감을 형성하는 데 많은 도움이 돼요.

다른 여성 역할 모델을 찾는 것도 좋은 방법이에요. 할머니, 고모, 이모 혹은 다른 여자 어른과 시간을 보낼 수 있도록 해주면 큰 도움이 되지요. 아들이 여성의 경험과 관점을 배울 수 있으니까요. 엄마의 부재로 아들 양육이 힘들다면 역시 전문가와의 상담을 통해서 조언을 받아보세요. 관계를 조금 더 편안하게 만드는 데 분명히 도움이 될 것입니다.

사춘기 아들에게는 이전에는 경험하지 못했던 수많은 일이 찾아와요. 예를 들어 친구와의 문제도 이전에는 누군가와 어울려 노는 것 자체가 중요했다면, 사춘기에는 누구와 어떻게 무엇을 하고 노는지도 중요한 일이 되지요. 어울리는 또래 집단에 따라서 아들의 행동 양상이 바뀌기 때문이에요. 그래서 부모가 먼저 또래 집단을 이해하고, 그 안에서 어떤 일이 일어날 수 있는지 미리 알아두는 과정이 필요해요. 그래야 아들에게 안전한 울타리를 설정해줄 수 있으니까요.

사춘기에는 이차 성징이 일어나요. 아들이 자연스럽게 성에 관심을 가질 수밖에 없는 시기지요. 부모는 어떻게 해야 아들이 '자연스럽게' 성을 받아들일지 고민해봐야 해요. 동시에 성교육을 선제적으로 해주는 것도 중요하지요. 그렇지 않으면 아들이 무분별한 매체로 인해 왜곡된 시각으로 성을 바라볼 수도 있기 때문이에요.

게임과 스마트폰의 적절한 사용도 사춘기 아들이 가져야 할 태도예요. 게임이나 스마트폰에 과몰입하게 되면 아들은 자신도 모르게 공부나 학교생활을 제대로 할 수가 없을 테니까요. 하지만 아들과 이 일로 실랑이하는 것이 부모에게는 절대 만만치가 않아요. 미리 아들과 대화를 해서 약속을 정해 지킬 수 있도록 꾸준히 관리해주는 일이 필요하지요.

사춘기에는 행여라도 학교 폭력과 관련된 일이 생길 수 있어요. 내 아들이 피해를 당하지 않기 위해서, 또 피해에 대처하기 위해서 학교 폭력의 징후도 알아둬야 해요. 그런가 하면 내 아들이 가해자가 되지 않기 위해서 가정에서의 교육도 필요하지요. 그리고 실제로 사안이 발생했을 때 합리적으로 판단하고 대처하는 일도 중요해요. 학교 폭력과 관련해서 어떤 일이 일어날 수 있는지, 그럴 때 우리는 부모로서 어떻게 대처할 수 있는지 미리 충분히 생각해서 시나리오를 가지고 있는 것이 좋지요.

사춘기는 입시를 앞둔 시점이기 때문에 공부도 간과할 수가 없어요. 이때 안타까운 점은 사춘기의 많은 아이가 공부를 잘하고는 싶지만 그만큼 노력하지 않는다는 데 있지요. 그럼에도 부모는 아들이 열심히 공부할 수 있도록 여러모로 조력해야 해요. 학생이 해야 하는 일은 모름지기 공부이기 때문이지요. 아들이 공부와 관련해서 어떤 마음가짐을 가져야 할지, 공부하는 목적은 무엇인지 등을 함께 이야기해보고 공부하는 태도를 고쳐나가야 해요.

사춘기 아들 앞에는 여러 가지 일이 놓여 있어요. 사춘기에 다가오는 여러 가지 일을 하나씩 살펴보면서 충분히 고민해보고 독자님들이 나만의 시나리오를 만들어보면 좋겠어요. 유사시에 정말로 큰 도움이 될 테니까요.

3장

사춘기 아들을 잘 키우기 위해 알아야 할 것들

01

학교생활과 학교 폭력

사춘기 아들에게 학교생활은 어떤 느낌일까요? 때때로 아들에게 학교생활은 '정글에서 살아남기'와 같은 느낌일 수 있어요. 입으로 욕하고, 몸으로 말하고, 센 척하는 친구들과 지내는 일은 야생에서 생존하는 것처럼 힘이 드니까요. 사실 그런 친구들을 아예 무시하고 지내기도 어려워요. 사춘기 아들의 정체성 확립에는 또래 집단의 인정과 지지가 많이 작용하기 때문이지요. 그래서 아들이 학교생활을 잘하도록 도와주려면 무엇보다 남자아이들의 세계를 이해해야 해요. 그래야 한두 마디라도 진심으로 조언해줄 수 있으니까요.

사춘기 남자아이들이 어떤 문화를 가졌는지, 어떤 아이가 인기가 많은지, 그런 아이들 사이에서 자신의 정체성을 유지하고 자존감을 지키려면 어떻게 도와줘야 하는지 부모는 많이 고민해야 해요. 동시에 학교 폭력에도 많은 경계를 해야 하지요. 내 아이가 피해자가 된다면 어떻게 도와줘야 할지, 행여라도 다른 친구를 힘들게 하거나 다치게 하면 어떤 마음으로 교육해야 할지, 부모의 부단한 고민의 결과물인 시나리오를 가지고 있어야 혹시라도 모를 상황에 대비할 수 있기 때문입니다.

학교 안팎에서 벌어지는 일
(feat. 남자 규칙 상자와 자유시간)

학기 초의 중학교 1학년 교실. 선생님은 몇몇 아이의 이름만 아는 것이 보통이에요. 어느 정도 시간이 지나면 선생님이 많은 아이의 이름을 외우지만, 학기 초에는 담임 선생님이 아닌 과목 선생님이라면 많은 아이의 이름을 일일이 외우기가 힘들거든요. 다행히 교복에 이름표가 붙어 있어서 이름을 정확하게 불러주긴 하지만요. 그런데 이때도 특별히 이름을 외우게 되는 아이들이 있어요. 이유는 정말로 극과 극이에요. 아주 공부를 잘하거나, 아니면 삐딱한 쪽으로 이름을 날리는 경우지요. 그렇지 않은 아이들은 학기 초에 선생님에게 이름을 각인시키기가 어려워요. 평범하고 무난하기 때문이지요.

그렇다면 공부를 잘하거나, 삐딱한 쪽으로 이름을 날리는 두 집단은 모두 아이들에게 인기가 많을까요? 혹은 아이들 사이에 큰 영향력을 미칠까요? 이런 질문에 정확히 대답하려면 사춘기 남자아이들의 문화를 알아야 해요. 문화는 특정한 집단의 태도와 행동 특성을 뜻하는 말이에요. 남자아이들의 태도와 행동 특성은 무엇을 지향하는지, 그래서 사춘기 남자아이들은 어떤 경향성을 보이는지, 또래 집단의 문화를 파악해야 어떤 아이가 인기가 있는지 알아차릴 수 있지요.

학교 안의 남자 규칙 상자

미국의 청소년 전문가 로잘린드 와이즈먼(Rosalind Wiseman)은 『아들이 사는 세상』을 통해 사춘기 남자아이들에게는 '남자 규칙 상자'가 있다고 역설합니다. 물론 모든 남자아이가 '남자 규칙 상자'에 순응하는 것은 아니지만, 이 규칙 상자 속의 캐릭터를 많이 가진 아이가 인기 있을 확률이 높지요. 그리고 그런 인기는 앞에서 이야기한 학기 초 선생님에게 각인된 이름과는 동떨어져 있을 가능성이 커요.

[남자 규칙 상자]

재미있다		언제나 느긋하다	
강인하다		위기에 강하다	
힘세다		돈이 많다	
초연하다		여자에게 인기가 있다	
운동을 잘한다		독립적이다	
냉정하다		나태해 보이는데 성적이 좋다	
자신만만하다		키가 크다	

이 같은 규칙 상자에서 몇 가지 캐릭터를 가지고 있다면 친구들이 아들의 말에 귀를 기울일 가능성이 커져요. 영향력을 행사하게 될 가능성도 커지고요. 한마디로 인기 있는 친구가 되는 셈이지요. 우리가 남자 규칙 상자에 주목해야 하는 이유는, 이런 성향이 아들에게 얼마만큼 작용하는지, 그래서 학교 친구들 사이에서 어떤 관계를 맺게 될지 판가름할 수 있는 중요한 요소가 되기 때문이에요. 우리 아들이 재미있는지? 힘이 센지? 운동을 잘하는지? 이런 요인이 교우 관계를 결정하는 것이지요. 특히 사춘기의 정점인 중학생들의 사회에서 말이에요. 여기서 문제는 아들이 자신도 모르게 남자 규칙 상자의 영향을 받게 될 수도 있다는 것입니다.

'나는 운동을 잘하지 못하는데, 어떡하지?'
'나는 안 하는 척하면서 공부를 잘할 수가 없는데, 어떡하지?'
'나는 힘이 세지 못한데, 어떡하지?'

아들 스스로 인기 없는 자신을 원망하고 전전긍긍하게 될 가능성이 있다는 것이지요. 만약 아들이 이런 생각을 하게 된다면 학교생활이 굉장히 힘들어질 수도 있어요. 누구나 다 힘이 셀 수도 없고, 누구나 다 싸움을 잘할 수도 없고, 누구나 다 안 하는 척하면서 공부를 잘할 수도 없으니까요. 이 지점에서 부모가 주목해야 할 것은 사춘기 아들이 남자 규칙 상자로부터 초연해질 수 있도록 이끌어주는 일이에요.

"운동 좀 못 하면 어때? 대신에 넌 다른 걸 잘하잖아?"
"공부는 엉덩이 무거운 사람이 잘하는 거야. 절대 머리로 하는 게 아니란다."
"힘이 센 아이도 더 센 아이에게는 싸움에서 질 수밖에 없어."

아들이 부정적인 생각 하나하나를 정면 돌파할 수 있도록, 그래서 잘못된 남자 이미지를 깨버릴 수 있도록 부모는 도와줘야 해요. 그래야 아들이 자신의 가치관을 오롯이 유지하면서 사춘기를 보낼 수 있으니까요. 그런데 여기서 문제가 하나 있어요. 성향에 따라 매우 다르겠지만, 아들이 또래 아이들과 어울리면서 자연스럽게 영향을 받을 수밖에 없다는 점이지요. 서로 끌리는 자석처럼 남자아이들 사이에서도 인기 있는 아이에게로 마음이 끌리거든요. 그저 친하게 지내기만 한다면 큰 문제는 없겠지만, 행여 몰려다니는 무리에 속하면서 엇나가는 경우가 있기에 내 아들이 힘이 세거나 싸움을 잘하는 편에 속한다면 삐딱한 아이들과 어울리지는 않는지 경계를 늦추지 말아야 합니다.

학교 밖의 자유시간

아들의 생활 지도 문제로 담임 선생님과 상담하는 초등학교 6학년 승열이 엄마. 요즘 승열이가 노는 데만 완전히 정신이 팔려서 공부를 제대로 하지 않아 걱정이에요. 공부만 하지 않으면 그나마 나을 텐데, 매사에 반항하는 일이 부쩍 늘었어요. 얼마 전에는 친구들끼리 놀이공원에 간다고 해서 돈을 넉넉하게 줬는데, 입장료와 차비를 빼고 5만 원이나 되는 돈을 한꺼번에 다 쓰고 왔지요. 놀이공원뿐만이 아니에요. 주말이면 집에서 먼 곳으로 나가 친구들과 온종일 시간을 보내고 돌아오는 승열이. 엄마의 이야기를 들으며 선생님은 궁금했어요.

"승열이가 주말에 매번 그렇게 친구들과 나가서 놀고 오나요?"

"네. 주말에는 아이들끼리 놀 수도 있잖아요. 당연한 거 아니에요?"

"아… 그런데 6학년 아이들끼리만 주말에 놀러 가면 자칫 중고등학생의 표적이 될 수도 있고, 또 불미스러운 일이 생길 수가 있어서 되도록 어른이 한 분 같이 가신다든지 아니면 동네에서 놀게 해주시는 것이 좋아요. 위험하거든요."

대화를 마치고 나서 승열이 엄마는 충격을 받았어요. 선생님의 말씀이 이해되지 않았거든요. '아니, 6학년이면 초등학교 고학년인데 아이들끼리 온종일 놀러 갈 수도 있는 거 아닌가? 뭐지, 이런 말은?' 선생님도 마찬가지였지요. 승열이 엄마의 표정을 보고선 '말이 통하지는 않겠구나' 생각했고요. 학교에서 여러 명의 아이를 관찰하는 입장과 집에서 한두 명의 아이를 키우는 입장. 학교에서 다양한 학교 폭력 사안을 확인하고 나쁜 사례에서 공통점을 찾아내는 입장과 내 아이 하나만 관찰하는 입장에는 괴리가 있을 수밖에 없어요.

초등 고학년 시기부터 아들에게 많은 자유시간을 주는 것은 아들이 또래 집단과 강력하게 결속되도록 해주는 효과를 가져와요. 내 아들이 친구들과 잘 노는 것은 물론 좋은 일이지만, 또래 집단과 사춘기 남자아이들의 특성상 바른길을 가기보다는 일탈하는 아이들이 인기가 높을 가능성이 커요. 그래서 주말이라도 온종일 아이들끼리만 놀게 하는 것은 바람직하지 않지요. 친구들과 노는 시간을 주더라도 2~3시간 정도 제한을 두고, 아이들끼리 멀리 가는 일도 되도록 피하게끔 해주는 것이 좋아요.

만약 10대 아이들의 자유시간이 궁금하다면 동네 학원가 앞, 코인 노래방, PC방, 놀이터, 만화 카페 등에 가보세요. 아이들끼리 논다는 것이 어떤 일인지 쉽게 확인할 수 있어요. 큰 소리로 욕하면서 소리를 지르고 깔깔대며, 뭔가 이상한 행동을 하면서 그것을 즐거움으로 인식하는 아이들을 보다 보면 '아, 자유시간을 어느 정도 통제하긴 해야겠구나' 하는 생각이 절로 들 거예요.

물론 아들에게도 또래와 어울리는 시간은 꼭 필요해요. 부모가 남자아이들끼리 공유하는 문화를 존중해주는 일도 필요하고요. 하지만 너무 많은 자유는 자칫 방종으로 흐를 수도 있다는 사실, 그래서 아들에게 자유를 줄 때는 어느 정도의 통제와 부모로서 경계하는 일도 필요하다는 사실을 알아두면 좋겠습니다.

부모가 꼭 알아야 할 학교 폭력의 징후

학기 말이나 학년 말이 되면 학교 폭력 사안을 접수하는 사례가 부쩍 늘어나요. 그동안 참아왔던 억울함이 끝에서야 터지는 경우가 많기 때문이지요. 그런데 학교 폭력을 상담하다 보면 답답한 점이 하나 있어요. 충분히 미리 이야기할 수 있었는데도 꾹꾹 참다가 터지기 직전에 털어놓는 남자아이들이 대부분이어서요. 남자아이들을 둘러싼 위계 관계는 정적이에요. 한번 위계가 정해지면 웬만해선 바뀌는 일이 드물거든요. 정적인 힘의 관계 속에서 놀림이나 괴롭힘의 대상이 되기 시작하면 오랫동안 괴로움을 겪으며 고통받는 경우가 대다수지요.

그래서 아들이 친구들 사이에서 놀림이나 괴롭힘의 대상이 된다면 초기에 바로잡아주는 것이 가장 중요해요. 어떤 부모는 아들이 친구와 싸우거나 갈등이 생겼을 때, 바로 해결하지 않고 한두 번은 참아야 한다고 생각하지요. 그러면 문제가 커질 수 있고, 다음번에 문제가 생기면 이전의 문제까지 함께 떠오르면서 감정적으로 흔들리게 될 수도 있어요. 그래서 문제가 생겼다는 사실을 인지한 후에는 바로 학교에 알리고 담임 선생님과 상의해서 문제를 해결하는 것이 좋습니다.

요즘 학교 폭력의 양상은 부모 때와는 매우 달라요. 학교 폭력에 대한 교육이 강화되면서 물리적인 폭력보다는 언어 폭력과 사이버 폭력의 비중이 늘어났지요. 물리적인 폭력이라면 부모나 교사가 어느 정도는 알아차리기 쉽겠지만, 언어 폭력이나 사이버 폭력은 바로 알아차리기가 어려워요. 그래서 늘 아들을 향한 레이더를 켜고 세심하게 살피는 것이 좋지요. 학교 폭력을 겪는 아이들이 공통으로 보이는 이상 징후를 안다면 아들을 조금 더 세심하게 살피는 데 도움이 될 거예요.

학교 폭력 이상 징후

- 늦잠을 자고 몸이 아프다며 학교 가기를 꺼린다.
- 성적이 갑자기 혹은 서서히 떨어진다.
- 안색이 안 좋고 평소보다 기운이 없다.

- 학교생활 및 친구 관계에 관한 대화를 시도할 때 예민한 반응을 보인다.
- 아프다는 핑계 또는 특별한 사유 없이 조퇴하는 횟수가 늘어난다.
- 갑작스럽게 짜증이 많아지고 가족이나 주변 사람들에게 폭력적인 행동을 한다.
- 멍하게 있고 무엇인가에 집중하지 못한다.
- 밖에 나가기를 힘들어하고 집에만 있으려고 한다.
- 쉽게 잠들지 못하거나 화장실에 자주 간다.
- 학교나 학원을 옮기고 싶다는 이야기를 꺼낸다.
- 용돈을 평소보다 많이 달라고 하거나 스마트폰 요금이 많이 부과된다.
- 스마트폰을 보는 아이의 표정이 불편해 보인다.
- 갑자기 급식을 먹지 않으려고 한다.
- 작은 자극에도 쉽게 놀란다.

(출처: 푸른나무재단)

아들에게 이상 징후를 발견했다면 아무 정보도 없이 "너 무슨 일 있어?"라고 물어보는 것은 좋지 않아요. 일단 아이의 행동과 생활을 세밀하게 관찰하고 평소와 다른 점을 기록해보세요. 학교 폭력에 시달리는 아이는 위축되거나 우울함과 불안함을 느끼기 때문에 평소와는 다른 행동을 보이거든요. 그런 행동을 하나씩 포착한 후, 아이와 대화하는 편이 좋습니다. 만약 이상 징후가 외상이라면 즉각적으로 물어봐야 해요. 맞아서 생긴 멍 자국 등 외상의 흔적이 보인다면 최근에 일어난 학교 폭력이니까요. 만약 만성적인 괴롭힘 끝에 신체 폭력으로 발전했다면 적절히 개입해야 더 큰

일을 막을 수 있지요.

- **금품 갈취의 경우**

– "아까 보니까 용돈을 올려달라고 하던데, 받은 지 얼마 안 되었는데 벌써 다 쓴 거야?"

- **신체 폭력의 경우**

– "정강이랑 손목에 멍이 들었는데 넘어졌을 때 그렇게 멍이 드는 건 드물거든. 어떻게 멍이 들었는지 자세히 이야기해줄 수 있니?"

이렇게 말을 시작하고 세심하게 관찰했던 내용을 바탕으로 대화를 전개해나가면 아이가 솔직한 이야기를 꺼낼 가능성이 커져요. 친구와 통화할 때 표정이 좋지 않았다든지, 메시지를 확인한 후 한숨을 쉬었다든지 등 아이의 행동을 구체적으로 언급하면서 지금 당장 부모에게 털어놓으면 도와줄 수 있다는 메시지를 전하는 것이 좋습니다.

학교 폭력 사실을 확인한 후에는 담임 선생님과 상의해서 사안을 처리하세요. 이때 2가지 중 하나를 요구하면 됩니다. 하나는 재발 방지와 진심 어린 사과이고, 다른 하나는 학교폭력대책심의위원회 개최예요. 전자는 갈등 조정과 교육을 목적으로 한 방법이고, 후자는 행정적인 처리와 처벌을 목적으로 하는 방법이지요. 개인적으로 어느 것이 낫다고 콕 집어서 이야기할 수는 없지만, 상대방과 상식적인 선에서 교육적으로 해결할 수 있다면 전자, 상대방이 상식이 통하지 않고 막무가내라면 후자의 방법이 적합해요. 오랫동안 학교 폭력 업무를 하다 보니 되도록 교육적인 방법이 낫다고는 생각하지만, 세상에는 상식이 통하지 않는 때도 많더라고요. 학교 폭력의 대응은 상황과 상대방의 태도에 따라 어떤 방법이 나을지 충분히 고민하세요.

학교 폭력을 처리하는 것도 중요하지만, 아이의 마음을 보듬어주는 것 또한 그에 못지않게 중요해요. 마음의 상처도 제때 치유하지 않으면 앙금이 남는 법이니까요. 학교 폭력을 당한 아이는 고통스러움과 수치심을 느껴요. 특히 사춘기 남자아이들은 또래 집단에 신경을 많이 쓰는데, 또래로부터 '힘이 없어서 당했다'라는 마음은 아들이 고개를 푹 숙이고 어깨를 축 늘어뜨리게 만들지요. 이럴 때는 심리 치료를 받는 것도 방법이 될 수 있어요. 요즘은 학교에서도 위센터나 위클래스를 통해 상담을 지원해주기 때문에 학교 폭력을 겪었다면 학교에 상담을 요청하는 것도 효과적이에요.

그리고 가정에서는 아이가 경험하고 느끼는 것들이 정상이라는 사실을 알려줘야 해요. 성장하고 살아가는 과정에서 언제든 만날 수 있는 일, 누구든 겪을 수 있는 일이라는 사실을 알려주면 좋지요. 상한 감정에 휘말리지 않고 자신이 겪은 일을 조금이라도 더 긍정적으로 받아들일 수 있도록 함께 고민하고 헤쳐 나가려는 모습이 필요해요.

또한 아들이 자신의 마음을 정확하게 인식하도록 도와줘야 해요. 남자아이들은 자신의 감정을 제대로 인식하지 못하는 경우가 많거든요. 약간 무딘 탓도 있고, 감정을 표현하는 훈련이 덜 된 탓도 있기 때문이지요. 그래서 어려운 일을 겪고 나서도 자신의 마음 상태가 어떤지 제대로 파악하지 못하기도 합니다. 그럴 때 아이와 대화를 나누면서 "네가 지금 당황스럽구나", "친구에게 배신당해서 당혹스럽구나"라고 말해주며 아이가 자신의 감정을 바라보는 거울의 역할을 해주는 것이 중요해요. 부모와 나누는 대화가 치유하는 힘이 될 수 있도록 말이지요.

아들이 학교 폭력으로 힘들어한다는 사실을 알아차리게 된다면 가능한 한 빨리 사안에 대응하는 것이 좋아요. '나아지겠지', '괜찮아지겠지'라는 생각으로 상황이 좋아지기를 바라는 것보다는 상황을 바꿀 수 있는 행동을 취하는 것이 아들의 편안한 학교생활을 위해서 더 도움이 된다는 사실을 꼭 기억하세요.

아들이 학교 폭력을 당했다면

"아빠, 제가 교실에서 자리에 앉으려고 하는데 승열이가 의자를 뒤로 빼서 넘어졌어요. 그래서 팔꿈치가 까졌어요."

"괜찮아?"

"아뇨. 지금도 너무 아파요. 한번 보세요. 까져서 빨갛잖아요."

"에고, 아픈 것도 아픈 거지만 속상하겠다. 승열이 이놈의 나쁜 XX."

민우 아빠도 민우만큼이나 속상해요. 학교에서 아들이 다쳐서 왔는데 괜찮은 부모가 어디 있을까요? 문제는 이번이 처음이 아니라는 거예요. 지난번에는 화장실을 가는데 승열이가 갑자기 명치를 때려서 쓰러진 적도 있었거든요. 다행히 선생님이 그 사실을 알아서 승열이에게 주의하라고 경고하고 민우에게 사과를 시키긴 했지만, 이번에 이런 일까지 생기고 보니 '그때 학교 폭력으로 사안을 접수할 걸 그랬나?' 뒤늦게 후회스러워요.

초등 저학년까지는 학교 폭력이 발생하면 비교적 쉽게 해결이 되기는 해요. 담임 선생님과 상담을 하고 상대 아이에게 사과를 받으면 어느 정도는 해결이 되지요. 물론 비상식적인 아이와 부모가 있기에 복불복인 경우가 존재하지만, 그래도 고학년보다는 학교 폭력 문제를 풀어나가기가 쉬워요.

초등 5~6학년부터 중고등학교까지의 학교 폭력 사안은 대처 방법이 복잡해요. 사춘기에 접어든 아이들은 영악해서 무조건 강압적으로 해결하려고 하면 오히려 더 숨어서 교묘하게 괴롭히기도 하거든요. 그렇게 되면 아이는 피해를 당하고 있는데, 부모는 눈치를 채지 못하는 경우가 생겨버려요. 정말 안타까운 일이지요. 그래서 아이의 피해를 알았다면 어떻게 해야 지혜롭게 풀 수 있을지 고민해야 해요.

부모가 직접 개입하지 않는다(feat. 자력 구제의 맹점)

지금의 부모 세대가 어렸을 때는 아이가 밖에서 누군가에게 맞고 오면 부모가 나서서 때린 아이를 혼내는 경우가 비교적 흔했어요. 동네에서 기다리고 있다가 "너! 우리 ○○ 건드리면 혼날 줄 알아!"라는 한마디에 상황이 종료되기도 했지요. 예전의 경험 때문인지 간혹 학교 폭력 사안이 발생하면 상대 아이에게 직접 주의를 주는 부모님도 있어요. 그런데 이때 조용히 말로 끝나지 않고 아이에게 소리를 지르거나 심하면 욕설을 하는 경우도 있어서 또 다른 사건으로 번지기도 하지요.

요즘은 아동 복지에 대한 인식이 사람들 안에 세심하게 자리 잡고 있어요. 그래서 아이들에게 소리를 지르거나, 욕을 하거나, 위협을 하면 아동에 대한 정서적 학대가 될 수 있지요. 그런데 잠깐, '이 책은 사춘기 아들에 관한 책인데 갑자기 웬 아동?' 하는 분들이 분명 있을 거예요. 아동복지법 3조 1항에서는 '아동'을 18세 미만의 사람으로 정의해요. 그래서 사춘기 아이들에게 성인이 소리를 지르거나 위협을 하는 행동은 아동복지법에 저촉되지요. 한마디로, 내 아이를 때린 아이와 대면해서 일을 해결하고자 하면 일이 더 꼬일 수도 있다는 뜻이에요. 법률상의 절차에 의지하지 않고 자기 힘으로 문제를 해결하려는 자력 구제의 맹점이지요. 실제로 학교에서도 여러 폭력 사안을 처리하다 보면 몇몇 부모님이 자력 구제를 시도하다가 분을 이기지 못해 상대 아이에게 위협을 가하는 경우를 종종 목격해요. 그러면 그로 인해 피해자 부모님이 아동 학대로 경찰에 고발되고 검찰 기소까지 가는 일이 생길 수도 있어요. 답답하더라도 자력 구제는 피해야 합니다.

학교폭력대책심의위원회는 만능이 아니다

자력 구제의 대척점에 있는 방법이 법의 도움을 받는 학교 폭력 신고예요. 학교 안과 밖 상관없이 학교 폭력이라 생각되는 일에 대해 학교에 연락하거나, 117로 연결하거나, 혹은 교내 포스터에 나와 있는 학교전담경찰관 핸드폰으로 전화하면 신고할 수 있지요. 신고의 순기능은 학교 폭력을 되도록 조기에 파악해서 초동 조치를 확실하게 할 수 있다는 거예요.

사실 학교 폭력을 신고해서 학교폭력대책심의위원회에만 회부되면 일이 해결되리라는 장밋빛 환상을 가지는 것은 금물이에요. 간단히 결론부터 이야기하자면 학교폭력대책심의위원회의 조치가 생각보다 세지 않거든요. 정말 심각한 학교 폭력이라도 제일 센 조치는 강제 전학이라서 실제로 피해를 본 만큼의 처벌이 이뤄진다고는 말할 수 없어요. 게다가 많은 조치가 학급 교체가 아니라 학교 봉사, 특별 교육 이수 정도의 처벌이기에 피해를 당한 아이가 충분히 마음을 추스를 만하지도 않아요. 피해자는 그저 답답할 수밖에 없지요.

학교폭력예방 및 대책에 관한 법률 17조에 의한 학교폭력대책심의위원회 조치

1. 피해 학생에 대한 서면 사과
2. 피해 학생 및 신고·고발 학생에 대한 접촉, 협박 및 보복 행위의 금지
3. 학교에서의 봉사
4. 사회 봉사
5. 학내외 전문가에 의한 특별 교육 이수 또는 심리 치료
6. 출석 정지
7. 학급 교체
8. 전학
9. 퇴학 처분

학교 폭력 사안의 처분은 대부분 2호나 3호 정도에서 그치는 경우가 많아요. 정말 심하면 6호나 7호 정도고요. 8호 전학이나 9호 퇴학 처분은 웬만해서는 나오지 않지요. 오랜 기간 학교에서 학교 폭력 업무를 담당한 사람으로서 솔직히 말하면 당한 것에 비해 처분이 약하다는 것을 많이 느껴요. 그래서 더 답답한 마음이 들지요. 약한 아이만 피해를 보는 것 같아서요.

학교 폭력을 해결할 때 부모가 갖춰야 할 태도

학교에서 아들이 학교 폭력으로 예상되는 일을 겪었다면 우선 충분히 이야기를 나눈 다음, 담임 선생님에게 상담을 요청하는 것이 좋아요. 굳이 학교로 찾아가지 않더라도 요즘에는 충분히 유선으로 이야기를 나눌 수 있어서 차분한 대화만으로도 좋게 해결되는 경우가 많거든요. 다만, 선생님과 상담할 때는 최대한 감정을 삭이고 이야기하도록 노력해보세요.

간혹 상담하다 보면 속상한 마음에 담임 선생님에게 화를 내는 부모님이 있어요. 그 마음을 충분히 알지만, 아이들 사이에서 일어난 일이잖아요. 그런 일로 담임 선생님에게 화를 내면서 해결하려고 하는 것은 교통사고로 망가진 차 때문에 정비소에 가서 그곳의 직원분들에게 화를 내는 것이나 마찬가지예요. 물론 속이 상해 기분 좋은 목소리로 대화하긴 힘들겠지만, 나에게 쌓인 화를 도와주려는 사람에게 전가하지 않는다면 아들의 담임 선생님도, 정비소의 직원분도 더욱 성의 있게 이야기를 듣고 사안을 처리하겠지요. 담임 선생님은 중재하고 아이들을 지도하는 역할을 맡은 사람일 뿐, 가해자가 아니라는 사실을 생각해주세요.

학교 폭력 사안의 처리는 아이들 사이의 문제지만, 가해자 부모가 상식적이라면 생각보다 수월하게 해결될 수 있어요. 피해자가 정말로 원하는 것은 재발 방지와 진심 어린 사과니까요. 이 2가지가 충족된다면 굳이 학교폭력대책심의위원회까지 열리는 일은 별로 없어요. 하지만 명백하게 가해를 했는데도 '내 아이가 뭘 잘못했나?'라는 태도로 인해 일이 커지는 경우가 많은 편이에요. 그래서 부모가 먼저 사안을 바로 보고 상대방을 이해하면서 배려하는 태도를 갖추도록 노력해야 합니다.

수치심과 두려움을 이겨내는 방법

앞서 승열이에게 괴롭힘을 당한 민우의 사례에서 민우는 매우 속상했지만 승열이에게 화를 내거나 맞받아칠 수가 없었어요. 왜 그런 것일까요? 승열이가 자기한테 한 행동과 똑같이 갚아줄 만도 한데, 그렇게 하지 못한 이유는 무엇일까요? 그건 남자아이들의 역학 관계에 따라 상황이 달라지기 때문이에요. 만약 민우가 승열이보다 덩치가 크고 힘이 셌다면, 아마도 민우는 승열이에게 그 자리에서 바로 화를 내고 맞받아쳤을 거예요. 하지만 민우는 승열이에게 덩치와 힘에서 모두 밀려 그렇게 하지 못했지요. 한마디로 싸움 자체가 되지 않는다는 사실. 그래서 민우는 그저 당하고 속상할 수밖에 없었어요.

학교 폭력이 발생하면 사안을 상식적으로 해결하는 것이 중요해요. 이때 가장 중요한 것은 아들이 그 사안으로 인해서 받게 되는 정신적인 충격을 최대한 극복할 수 있도록 부모로서 도움을 주는 일이지요. 어떤 부모님은 민우처럼 학교에서 친구한테 당하고 집에 돌아오면 이렇게 이야기할 수도 있어요.

"네가 왜 맞고 다녀? 무슨 수를 써서라도 똑같이 갚아줘야 하는 거 아니야?"

"어떻게 맞고 다니니… 창피하지도 않아?"

이런 말에는 2가지 함정이 숨어 있어요. 무슨 수를 써서라도 똑같이 갚아주는 것은 앞서 언급했던 자력 구제를 해야 한다는 인식을 무의식적으로 심어줄 수 있고, 창피하지도 않냐는 말은 이미 창피한 아이의 상처에 소금을 뿌리는 것과 같지요. 창피해서 쥐구멍에라도 숨고 싶은 아이에게 그 마음을 다시금 뚜렷이 인식하게 하는 말이니까요. 아이를 키우는 어느 순간이나 말 한마디가 중요하겠지만, 특히 학교 폭력을 당하고 온 다음에는 말 한마디라도 더 신경을 써서 해줘야 합니다.

아들의 수치심을 줄여주는 방법

학교에서 친구에게 괴롭힘을 당하고 집으로 돌아온 민우. 기분이 좋지 않아요. 힘이 셌다면, 싸움을 잘했다면 그렇게는 당하지 않을 수 있었는데… 약해빠진 자신이 답답하게 느껴지거든요. 이럴 때는 부모로서 아들의 무거운 마음을 덜어줘야 합니다. 괴롭힘으로 인해 마음이 무거운 이유는 수치심과 두려움 때문이에요.

- **수치심**: 자신이 약해서 당했기에 창피하게 느끼는 마음
- **두려움**: '다음번에 또 당하면 어떡하지?', '선생님과 부모님에게 말했다고 보복하면 어떡하지?' 하는 마음

이 중에서 수치심을 줄여주는 확실한 방법이 있어요. 사람이라면 누구나 다 그런 일을 겪는다는 사실을 아들에게 알려주는 것이지요. 아무리 싸움을 잘하는 아이도 더 잘하는 아이에게 맞을 수 있거든요. 싸움으로 전국을 제패하지 않는 이상 남자아이들은 누구에게나 당할 수 있다는 사실을 알려줘야 해요. 그다음에는 약간의 과장을 더해 아빠의 이야기를 해주면 도움이 되지요. "아빠도 예전에 그런 일이 있었는데…"로 시작하면서 없던 흑역사까지 만들어 이야기해주면 아들이 수치심의 동굴로 빠져들어가는 것을 어느 정도는 막을 수 있을 거예요.

대화가 가진 놀라운 힘

"민우야, 아직도 속상해? 아빠가 승열이 확 혼내줄까?"

"그건 안 돼요. 어른이 그러면 아동 학대예요."

"알았어. 그런데 정말 생각 같아서는 그러고 싶네. 우선 아빠가 선생님과 이야기를 나눠볼 테니까 혹시라도 승열이가 다음에 또 그러면 바로 말해줘. 그러면 승열이 부모님까지 같이 만나서 이야기를 해볼게."

"네, 알겠어요."

"그런데 말이야, 아빠도 옛날에 좀 창피했던 적이 있었어."

"아빠가요?"

"응. 옛날에 아빠는 키도, 덩치도 정말 작았거든. 게다가 싸움까지 못했어. 한번은 중학교 때 친구랑 싸우다가 내가 걔 배를 막 때렸어. 그런데 별로 안 아팠나 봐. 한참을 가만있다가 걔가 주먹으로 아빠를 때렸는데 그때 코피가 났지 뭐야. 그래서 졌지. 아주 창피하더라."

"아빠가 정말 그랬다고요?"

"아빠라고 안 그랬겠니? 싸움으로 전국 1등이 되지 않는 이상, 그런 일은 있을 수밖에 없어. 누구나 다 창피하고 답답한 일을 겪거든. 안 겪으면 좋겠지만, 살다 보면 종종 그런 일이 찾아오기도 해."

누군가 내 아들을 괴롭혔을 때 가장 필요한 것은 대화예요. 대화를 통해서 아들의 마음을 보듬어줄 수 있고, 답답한 마음을 풀어줄 수 있으니까요. 수치심을 줄여주면서, 종종 찾아오는 예기치 않는 일을 헤쳐 나갈 수 있는 지혜를 전수해주는 일. 우리가 부모로서 아이에게 해줘야 하는 일이에요. 특히 터널에 들어간 듯한 어둠의 순간에는 말이지요. 깜깜한 터널 너머 어딘가에도 조그만 빛은 비춰요. 부모는 아들이 그 빛을 볼 수 있도록 도와줘야 해요. 그래야 어둠을 극복하고 밖으로 나올 수 있으니까요.

학교 폭력과 관련한 일은 미리 시나리오를 만들어보세요. 막상 그 일이 찾아오면 눈앞이 하얘지고 머리가 멍해져서 아무 생각이 안 나거든요. 편안한 어느 날, 미리 시나리오를 만들어두면 답답한 그날, 아들에게 빛을 비춰줄 수 있을 거예요.

아들이 학교 폭력을 저질렀다면

오랫동안 학교 폭력 업무를 담당하며 여러 사안을 마주하면서 손바닥 뒤집히듯 상황이 역전되는 경우를 많이 봤어요. 지난번에는 가해자였던 아이가 이번에는 피해자가 되기도 하고, 지난번에는 피해자였던 아이가 이번에는 가해자가 되기도 했거든요. 남자아이들의 경우에는 힘에 의한 위계질서가 정적인 편이라 의아할 수도 있어요. 사실 한번 정해진 힘의 서열 관계는 잘 바뀌지 않으니까요. 간혹 한 번씩 주도권 다툼을 한 다음에는 서열이 바뀌기도 하지만, 한번 정리된 서열은 웬만해선 큰 이벤트가 없는 한 계속 이어지는 것이 대부분이에요. 그런데 학교 폭력 사안에서 피해자가 가해자가 된다? 논리적으로 이해하기가 힘들 수도 있어요.

가해자와 피해자의 관계가 뒤바뀌는 경우는 똑같은 집단의 서열 안에서가 아니라 상대가 달라지기 때문이에요. 승열이와 민우는 괴롭히고 당하는 관계라서 쉽게 바뀌지 않겠지만, 민우와 다른 아이라면 어떨까요? 충분히 관계가 바뀔 수 있어요. 내 아들이 피해를 봤다고 해서 항상 내 아들만 피해자가 되는 것은 아니니까요. 다른 아이와의 관계에서는 충분히 가해자도 될 수 있지요. 그래서 아들에게 자기보다 힘이 센 아이를 경계하도록 주의를 주는 것도 중요하고, 자기보다 약한 아이를 괴롭히지 않도록 교육하는 것도 중요해요. 가정에서 먼저 학교 폭력으로 연루될 만한 몇 가지 상황을 주의하는 동시에, 약한 친구를 괴롭히지 않는 인성을 함양할 수 있도록 교육해주면 아들이 학교 폭력 가해자가 되는 것을 막는 데 도움이 될 거예요.

한 아이를 집단으로 괴롭히는 사안에 연루되었다면

학교 폭력 사안을 조사하다 보면 정말 불쌍한 예가 있어요. 한 아이를 집단으로 괴롭히는 상황, 흔히 '왕따'라고 하지요. 단체 카톡방에 억지로 초대해 모멸감을 주기도 하고, 교실에서 주도면밀하게 따돌려 학교생활을 힘들게 하는 사안. 학교 폭력 중 따돌림은 지속적인 상황이 누적되면서 일이 점점 확대되는 경향이 있어요.

다시 말해 주동자가 아니더라도 따돌리는 집단에 속해 있다면 학교 폭력 예방에 관한 특별법 제17조에 의한 처분을 받게 될 가능성이 커진다는 것이지요. 사실 지속적인 폭력은 학교장의 자체 해결이 쉽지 않아요. 그래서 아들이 따돌림의 주동자뿐만 아니라 주변인이 되는 것까지를 경계해야 해요. 단체 카톡에 참여했다는 사실만으로도 집단 폭력의 주체가 될 수 있기에 단체 카톡이든, 실제로 따돌리는 상황이든 연루되지 않도록 아이와 대화를 나누면서 그런 상황을 경계하도록 가르쳐주세요.

그런가 하면 따돌림은 아니지만, 집단으로 한 아이를 폭행하는 상황이 발생할 수도 있어요. 특히 초등 고학년 이상의 남자아이 중 일부는 일부러 인적이 드물거나 으슥한 곳에서 싸우려고 하지요. 아이들은 사람들이 있는 곳에서 싸우면 걸려서 처벌을 받게 되리라는 사실을 직감적으로 알고 있어요. 그래서 누군가를 괴롭히거나 서열을 정리하기 위해 싸울 때는 되도록 사람이 없는 곳에서 싸우는 것을 전략적으로 선택해요. 때때로는 직접 싸우지 않더라도 누군가 한 아이를 때리거나 욕할 때 옆에서 지켜보는 것만으로도 가해자가 될 수 있어요. 우리는 그런 아이를 '방관자'라고 불러요. 나는 억울할 수 있지만, 피해자에게는 방관하는 아이도 가해자예요. 신체 폭력이 이뤄지는 상황에서 가만히 보고 있었다는 것은 의도치 않았더라도 피해자에게 위압감과 수치심을 줄 수 있으니까요. 억지로 힘에 이끌려 학교 폭력의 현장에 함께할 수도 있겠지만, 이럴 때는 적극적으로 그 자리를 피하거나 직접 학교 폭력을 신고할 수 있도록 가정에서도 지도하는 게 좋아요. 아들과 함께 학교 폭력의 상황을 가정해보고, 그런 상황에서 어떻게 행동하는 것이 옳은 일인지, 어떻게 대처해야 상황을 더 나은 방향으로 끌고 갈 수 있는지 미리 짚어보는 것이 중요해요. 학교 폭력의 상황에서 가해자가 되는 일을 예방하기 위해 기회가 닿을 때마다 아들과 대화를 나누면서 조심할 수 있도록 정신 무장을 시켜주세요.

여자아이와 관련된 사안에 연루되었다면

아주 흔하지는 않지만, 학교에서 남자아이와 여자아이가 싸우는 경우가 종종 있어요. 여자아이는 이차 성징이 남자아이보다 빨라서 초등 5,6학년의 경우 발육이 빠른 여자아이가 상대적으로 발육이 더딘 남자아이보다 훨씬 힘이 세기도 해요. 그래서 여자아이가 남자아이를 먼저 때리면서 싸움이 시작되기도 하는데, 특히 이런 싸움은 학교 폭력으로 접수가 되어도 학교장 자체 해결로 끝나는 경우가 대부분이에요. 아이들도, 학부모님들도 '그럴 수 있다'라며 아무렇지 않게 넘어가려는 경향이 많기 때문이지요. 이면에는 '여자아이가 남자아이를 때려봤자 얼마나 때리겠어?' 하는 마음도 있고요.

하지만 반대의 경우는 문제가 심각해져요. 남자아이가 여자아이를 때렸을 때 말이지요. 남자아이들은 여자아이들보다 말싸움에 약한 경향이 있어, 여자아이가 남자아이를 말로 누르면 남자아이가 욱해서 때리는 일이 발생하기도 해요. 정말로 살짝 때렸다고 해도 여자아이의 부모에게는 자기 딸이 남자에게 맞은 심각한 상황이 되어버려서 일이 크게 번지지요. 그래서 평소에 아들에게 여자아이들과 말싸움하면서 짜증이 나더라도 힘으로 해결하지 않도록, 웬만하면 분쟁이 일어나는 상황을 만들지 않거나 조심하도록 주의를 시켜야 해요. 쉽지는 않겠지만, 이런 대처일수록 확실한 교육이 필요한 법이지요.

물리적인 폭력 사안에 연루되었다면

물리적인 폭력의 경우, 학교에서 조사할 때는 한 대만 때리더라도 피해자에서 가해자로 돌변할 수도 있어요. 사안이 어떻게 전개되느냐에 따라서 다르겠지만, 학생과 학부모 사이의 상식적인 해결이나 학교장 자체 해결로 사안이 종결되지 않고 학교폭력대책심의위원회를 요청하게 되면 상대방이 먼저 때렸다고 하더라도 내 아들도 상대방을 때렸다면 피해 학생에서 가해 학생이 되는 것이 일반적인 처리 절차예요. 그래서 아들이 누군가와 싸움에 휘말리더라도 절대 때리지 않는 것이 중요해요.

참 어려운 일이에요. 누군가 자신을 때렸을 때 스스로 지키는 일이 중요한데, 어떻게 대응하지 않을 수 있을까요? 학교 폭력이 생활기록부에 기재되지 않는다면 이렇게까지 이야기하지는 않았을 거예요. 요즘은 학교 폭력에 대한 처분 기록이 대학 입학에도 영향을 미쳐요. 중학교 때의 기록은 사안에 따라서 삭제되기도 하지만, 고등학교 이후의 기록은 모두 남아 대학 입학에 불리하게 작용할 수가 있지요. 게다가 이제는 사회적으로도 학교 폭력을 아주 큰 문제로 여겨요. 특히 연예인이나 운동선수 등 대중에게 노출되는 직업은 과거 학창 시절의 학교 폭력 때문에 활동에 어려움을 겪는 경우가 많지요.

최근 들어 학교 폭력 예방에 관한 법률을 개정해서 학교 폭력에 대한 처분을 장기간 학교생활기록부에 기록하려는 움직임이 나타나고 있어요. 지금보다 더 강력한 불이익을 받게 되는 것이지요. 억울하고 답답하더라도 물리적인 폭력 상황에서는 대응하지 않는 편이 어쩌면 더 현명할 수도 있습니다.

아들이 학교 폭력의 피해자가 되지 않는 것도 중요하지만, 가해자가 되지 않는 것 또한 아주 중요해요. 학교 폭력의 가해자가 되는 것을 예방하기 위해 앞에서 나온 여러 사례를 다시 한번 생각해보세요. 그런 일들을 아들과 대화로 풀어보는 것도 큰 도움이 될 거예요. 자칫 다가올 수도 있는 상황을 함께 예상해 이미지 트레이닝을 해보면 최악의 상황은 피할 수 있을 테니까요. 그리고 종종 뉴스나 매체에서 나오는 학교 폭력 관련 소식을 아들과 공유하며 "같은 상황에서 너라면 어떻게 할 거야?"라는 질문을 던지면서 답을 찾아본다면 실제로 그 상황이 닥쳤을 때 조금은 더 노련하게 대처할 수 있을 거예요.

아들을 키우면서 혹시라도 마주할 수 있는 상황을 생각해보면 직접 겪지 않아도 괜히 아찔한 것이 솔직한 부모 마음이에요. 그렇더라도 내 아들에게 학교 폭력과 관련한 일이 생길 수도 있다고 가정한 다음, 그때 어떻게 할 것인지, 처음부터 예방하기 위해서는 어떤 노력을 할 것인지 미리 고민해보면 좋겠어요. 먼저 생각하고 고민하는 만큼 아들은 상황을 훨씬 지혜롭게 헤쳐 나갈 수 있을 테니까요.

02 부모·친구·교사와의 관계

어른들은 종종 말해요. "일이 아니라 사람이 힘들다"고요. 어디든 일하는 행위 자체보다는 함께 일하는 사람들과 코드를 맞추는 일이 더 힘들어요. 아들의 세계도 어른들의 세계와 똑같아요. 아들을 둘러싼 대표적인 사람인 부모님, 친구, 선생님과의 관계에서 상처받기 쉬운 시기가 바로 사춘기예요. 각기 다른 사람들과 어떤 관계를 맺느냐에 따라서 사춘기 아들은 단단하게 마음을 키울 수도 있고, 상처를 받을 수도 있지요.

'여러 사람들과의 관계 속에서 아들은 어떻게 살아가고 있을까?'

부모라면 늘 궁금해하고 살펴봐야 하지요. 집에서 부모와 함께 있을 때 특이사항은 없는지, 학교에서 친구들과 잘 지내는지, 선생님과는 잘 맞는지 등 사춘기 아들의 부모는 여러 가지 상황을 면밀하게 살펴 도움의 손길을 내밀어야 해요. 아들이 각기 다른 인간관계 속에서 튼튼하게 자기만의 뿌리를 내릴 수 있도록, 다른 사람들과 조화를 이루면서도 자기 자신을 지켜나갈 수 있도록 부모는 언제나 치열하게 고민해야 합니다.

아들이 인간관계 속에서 균형을 잡으려면

초등학교 6학년 때까지만 해도 승열이는 학교생활을 참 잘하던 아이였어요. 공부도 열심히 하고, 친구들과도 원만하게 잘 지냈거든요. 그래서 승열이의 엄마 아빠는 아들을 키우면서도 별로 걱정이 없었어요. 당연히 중학생이 되어서도 학교생활을 잘하리라 생각했지요. 마침내 초등학교를 졸업하고 중학생이 된 승열이. 새로운 친구, 새로운 선생님과 중학교 생활을 시작하는 첫날. 초등학교 4학년 때 친하게 지냈던 대식이가 같은 반에 있지 뭐예요? 초등학교 때도 활발했던 대식이는 중학생이 되어서도 여전히 활발하고 활동적이었어요. 문제는 활동 범위가 너무 넓다는 데 있었지요. PC방과 코인 노래방에 가기도 하고, 다른 중학교 친구들과도 잘 어울렸거든요.

승열이는 대식이가 부러웠어요. 학교가 끝나면 학원에 가는 자기와는 달리 여기저기 마음대로 다니면서 자유를 누리는 것처럼 보여서 말이지요. 뭘 해도 마음대로 할 수 있는 자유, 하기 싫은 공부 대신 마음대로 게임도 하고 놀러 다닐 수 있는 자유, 무엇보다 부모님에게 구애받지 않고 자기 마음대로 결정하는 결단력… 모든 것이 승열이에게는 신세계였어요. 더군다나 요즘 중학교 1학년은 자유학기제라 수행 평가 외에는 중간고사나 기말고사 등 지필 평가가 없어 굳이 시험공부를 힘들게 하지 않아도 되는데, 학원에 가서 공부하는 것이 이해되지 않는 승열이. 승열이는 다시 대식이와 친해지면서 방과 후에도 같이 놀고 싶은데, 부모님이 학원에 가라고 해서 불만이에요. 어떻게 하면 좋을까요?

친구 관계일수록 적당한 경계가 필요하다

승열이처럼 '노는' 친구를 부러워하며 부모님의 눈치를 보는 아이도 있고, 아예 '노는' 친구에게 휘둘리면서 학교 안팎에서 함께 어울리는 아이도 있어요. 반면, 우직하게 자기 갈 길을 가는 아이도 있고요. 아들이 지닌 성향에 따라 반응하는 모습이 다르겠지만, 사춘기는 그 어느 때보다 또래 집단의 영향을 많이 받는 시기예요.

그래서 내 아들이 어떤 아이와 어울리는지를 눈여겨봐야 해요. 누구와 어울리는지에 따라 아들이 학창 시절에 걷는 길이 달라질 수도 있기 때문이지요. 학교 폭력 사안을 처리하다 보면 친구로 인해 안타까운 일이 생기는 경우를 종종 목격해요. 그냥 친구만 따라다녔을 뿐인데, 학교 폭력에 가담한 가해자가 되기도 하거든요. 친구 따라서 싸움 구경을 하다가, 단체 카톡방에서 욕 한마디를 거들다가 곤란한 일을 겪게 되는 것이지요. 그럴 때 아이들은 억울하다고 말해요. 하지만 친구를 따라다니지 않았다면, 조금만 더 생각하고 행동했더라면 억울할 필요가 없었을 텐데 부모 마음은 안타깝기만 해요.

만약에 대식이와 어울리고 싶다는 승열이의 볼멘소리를 부모님이 무조건 들어준다면 어떻게 될까요? 학창 시절에는 친구와 어울리는 것도 중요하니까요. 아마 승열이는 원하던 대로 친구와 같은 행동을 하면서 함께 몰려다닐 수도 있고, 혹은 억울한 일을 당하게 될 수도 있을 거예요. 그래서 사춘기에는 아들이 친구와 보내는 시간에 적당한 경계를 세울 수 있게 부모가 신경을 써야 해요. 사춘기는 좋으나 싫으나 친구에게 많은 영향을 받는 시기이기 때문이지요.

아들의 학년이 올라갈수록 경계해야 할 일 2가지

초등학교 고학년쯤 되면 소위 거칠고 센 아이들이 동네에서 하나둘씩 두각을 나타내요. 학교에서도 이름을 알리기 시작하고요. 어떤 학교에서는 한두 명이 학교 폭력 발생의 50% 이상 지분을 차지하면서 분위기를 바꾸기도 해요. 우르르 몰려다니면서 세력을 형성하니까요. 보통 그런 아이들은 자기보다 나이 많은 고학년 형들과 어울리면서 활동 범위를 넓혀요. 형들과의 친분을 이용해서 같은 학년 친구들을 조종하기도 하고요. 그래서 초등 고학년부터는 아들이 나이 많은 형들과 어울리는 일을 경계하도록 가르쳐주는 게 좋아요. 한번 어울리기 시작하면 안 좋은 영향을 받기 쉬우니까요.

그리고 친구들과 너무 많은 시간을 보내는 일도 경계해야 해요. 함께 운동하는 것까지는 좋은데, 어느 정도 시기를 넘기게 되면 아이들이 운동하는 것보다는 모여서 뭔가 바람직하지 않은 일을 도모하기도 하거든요. 아들이 친구들과 어울리는 시간을 잘 살펴보다가, 만약 이상한 쪽으로 빠지는 것 같으면 즉시 차단하는 게 중요해요. 예전에 근무하던 학교에서 부모님 상담을 할 때 아이가 학교에서 나쁜 쪽으로 이름을 날리는 친구와 어울린다는 사실을 이야기하니 바로 이사를 감행하는 경우도 있었어요. 그 친구를 차단하기 위해서 말이지요.

아들이 친구에게 쉽게 휘둘리지 않게 하는 방법

사춘기 아들이 친구에게 쉽게 휘둘리지 않으려면 자기 일에 몰두하게 만들어주는 것이 중요해요. 일단 중학생이 된 다음부터는 밥 먹고 공부'만' 하는 것이 최고예요. 지금의 중학교 1학년은 자유학년제라서 기본적으로 분위기가 들떠서 아이들끼리 몰려다니기가 좋거든요. 그래서 중학교부터는 방과 후에 아예 학원에 몸담게 하는 것도 비교적 괜찮은 선택이에요. 일단 시간이 없어야 나쁜 것에 물드는 일도 방지할 수 있으니까요. 다른 아이들이 공부하는 모습을 보면서 자극을 받을 수도 있고요. 그러다가 운이 좋으면 자연스럽게 공부하는 분위기에 젖어 들 수도 있어요. 설령 아들이 공부를 못하더라도 공부 분위기에 물들어 책상에 앉아만 있어도 중학교 생활은 성공이에요. 초중고를 통틀어서 중학교 시절이 가장 중요하다는 사실을 잊지 마세요. 아들이 자칫 엉뚱한 길로 빠질 위험이 가장 큰 시기이기 때문입니다.

관계에도 휴식이 필요하다

밤 10시, 침대에 누워서 잠을 청하려는 6학년 민우에게 메시지가 와요. '뭐해?' 민우가 대답해요. '응, 이제 자려고.' 친구가 또 물어요. '새벽에 축구 볼 거야? 토트넘이랑 맨유랑 경기하는 거?' 늦은 밤의 문자 메시지. 그래도 이런 메시지는 양호한 축에 속해요. 나쁜 말은 없으니까요. 고작해야 '축구 볼 거야?'라는 말은 참 감사하지요. 하지만 때때로 늦은 밤 오는 문자 메시지는 가슴이 아플 때도 있어요.

밤 9시, 집에서 책을 읽고 있는 6학년 승열이를 누군가 단체 카톡방에 초대해요. 기껏 초대하고선 아무 말도 없어요. 그래서 단톡방을 나왔는데, 또다시 초대해요. 그러고 나서 단체로 욕을 하는 거예요. 승열이는 계속 탈출을 감행하지만, 누군가 승열이를 계속 초대해요. 단톡방에서 자기를 욕하고 따돌리는 일 때문에 승열이는 잠을 이룰 수가 없었지요. 스마트폰 때문에, 아니 스마트폰을 잘못 쓰는 친구 때문에 승열이의 마음은 너무 아팠어요.

온라이프 사회에서 아들의 인간관계

'온라이프 사회'. 지난 2012년 유럽연합집행위원회에서 이탈리아 철학자 루치아노 플로리디(Luciano Floridi)가 '온라이프 선언문'을 제창하며 등장한 용어예요. 온라인과 일상적인 삶의 차이가 점점 희미해져서 마침내는 두 영역의 구분이 사라지게 된다는 것이 주된 내용이지요. 요즘 우리의 생활 모습을 정확하게 표현하는 용어인 온라이프. 우리는 온라이프뿐만 아니라 '메타버스'라는 용어에도 주목할 필요가 있어요. 메타버스는 초월과 가상을 뜻하는 '메타(Meta)', 그리고 세계와 우주를 뜻하는 '유니버스(Universe)'의 합성어로, 현실을 초월한 가상 세계를 의미해요. 우리가 인터넷으로 경험하는 가상 세계도 메타버스의 한 방식이지요. 스마트폰을 사용하는 어른들과 아이들이 살아가는 가상 세계. 그것을 온라이프 사회라 부르든, 메타버스라 부르든 현실 세계와 양상이 다른 것만큼은 분명합니다. 시간과 장소의 구애를 받지 않기 때문이지요.

바로 이것이 부모 세대와 자녀 세대가 확연하게 다른 점이에요. 부모 세대가 자랄 때는 방과 후에 집에 오면 모든 상황이 끝났어요. 방과 후에 친구들과 놀더라도 일단 집에 오면 상황이 종료되었지요. 물론 그때도 무선 호출기(삐삐), 시티폰, PCS 등 연락 수단이 없었던 것은 아니었지만, 그래도 그것은 단지 문자나 전화에 불과했어요. 1:1 대화가 전부였지, 또래 집단이 모두 모여 놀 수 있는 대화의 장은 아니었거든요. 하지만 지금은 온라이프 사회가 되어 아이들은 물리적으로 떨어져 있어도 장소에 구애받지 않고 서로 함께 모여 놀 수 있지요.

여기서 반드시 짚고 넘어가야 할 것이 있는데, 아들에게 또래 집단이 아무리 중요하다고 하더라도 '온(On)' 대신에 '오프(Off)'인 시간이 필요하다는 점이에요. 아들이 혼자서 조용히 시간을 보내는 일도 중요한 셈이지요. 그리고 또래 집단에서 문제가 생겼는데 집에 돌아와서까지 계속해서 또래 집단의 영향을 받게 된다면? 문제는 굉장히 심각해집니다. 부모가 모르는 사이에 아들이 SNS 등으로 계속 영향을 받으며 정신적으로 피폐해질 가능성이 크기 때문이지요.

앞서 사례로 등장한 승열이처럼 방과 후에도 내 아들이 SNS로 사이버 폭력을 당한다면? 혹은 친구들이 초대한 단톡방에 가만히 있다가 사이버 폭력의 가해자로 지목되어 학교폭력대책심의위원회까지 가게 된다면? 이런 경우에 아들이 감당해야 하는 스트레스는 부모가 상상하기 어려울 만큼 가혹합니다. 그래서 부모는 사춘기 아들을 온라이프 사회로부터 적당히 분리시키기 위해 노력해야 하지요.

아들을 '오프'라이프로 이끄는 5가지 방법

집에 있는 시간만큼은 온라이프와 거리를 둬야 안정적인 생활을 할 수 있어요. 또래 집단의 영향력에서 벗어나면 정서적으로 편안한 시간을 보낼 수 있으니까요. 그렇게 하려면 일단 또래 집단과의 연결 고리를 제거해줘야 해요. 온라이프를 위한 연결 고리는 스마트폰과 컴퓨터 사용이에요. 이러한 기기의 사용을 일정 시간 멈추는 것만으로도 아들은 온라이프에서 벗어날 수 있어요. 온라이프에서 벗어나는 것, 이것이 바로 오프라이프예요. 다음은 사춘기 아들을 현명하게 오프라이프로 이끄는 방법이니, 잘 살펴서 실천해보세요.

• 가정에서 스마트폰 사용 시간 정하기

아들에게는 SNS와 분리된 시간이 필요해요. 특히 또래 집단과 문제가 있다면 물리적·심리적으로 분리된 다음에 가정에서 치유의 시간을 가져야 하지요. 하지만 손에 스마트폰을 쥐고 있다면 물리적으로는 분리가 되었을지 몰라도 심리적으로는 여전히 친구들과 함께 있는 것이나 마찬가지예요. 그래서 집에 오면 스마트폰을 사용하는 시간을 정하는 것이 좋아요. 예를 들어, '저녁 6시 이후에는 사용하지 않는다'라는 규칙을 정해놓고, 6시 이후에 부모님이 스마트폰을 걷은 다음, 그다음 날 아침에 학교에 갈 때 주는 것이지요. 그리고 아들에게 방과 후에는 카톡에 바로 답하지 않아도 된다는 사실을 인지시켜주세요. 카톡이나 메신저 때문에 스마트폰을 손에서 놓지 못하는 경우도 많으니까요.

스마트폰 사용 시간이 너무 길다면 스마트폰 시간제한 앱을 이용해서 사용 시간을 제한하는 것도 좋은 방법이에요. 각각 통신사마다 '자녀폰 안심', '청소년 안심팩', '자녀폰 지킴이' 등 스마트폰 및 앱 사용을 모니터하고 제한하는 서비스가 있으니, 한번 살펴보고 이용해보세요.

• SNS에 가입하지 않도록 하기

페이스북, 인스타그램, 틱톡과 같은 SNS의 가입 가능 연령은 만 14세 이상이에요. 이보다 어린아이들이 가입하는 것은 규정 위반이지요. 그런데 가입할 때 생년월일을 가짜로 써도 가입이 돼요. 아들에게 이러한 사실을 알려주고, 적어도 초등학생 때는 SNS에 가입하지 않도록 충분히 이야기해주는 게 좋아요.

• **스마트폰 사주는 시기를 최대한 늦추기**

사실 스마트폰은 일찍 사야 할 이유가 없어요. 물론 중학생이 되면 사정이 달라지기도 하지만요. 학교에서 단톡방을 만들어 과제를 공지하기도 하니까요. 그런데 초등학교에서는 (물론 지역이나 학교마다 사정은 다르겠지만) 스마트폰이 없어서 크게 답답한 경우는 별로 없으니, 가능하다면 아들에게 스마트폰 사주는 시기를 최대한 뒤로 늦춰보세요.

• **가족의 공용 공간에서 컴퓨터 사용하기**

아들은 방에서 컴퓨터를 사용할 때 편안함을 느껴요. 누군가 곁에서 보는 사람이 없어서 그런지 인터넷 강의를 들으면서 SNS, 유튜브 등 다른 것으로 자주 눈을 돌리곤 하지요. 그래서 아들이 인터넷 강의나 과제 등을 위해 컴퓨터를 사용할 때는 거실이나 부엌처럼 가족의 공용 공간에서 하게끔 하세요. 아들이 컴퓨터로 다른 것을 하거나 유해물을 접할 가능성이 확실히 줄어듭니다.

• **컴퓨터 모니터링 소프트웨어의 도움 받기**

그린i-Net(greeninet.or.kr)은 방송통신심의위원회, 교육부, 시도교육청이 협력해서 구축한 청소년 인터넷 안전망으로, 아이를 유해사이트로부터 보호하는 데 도움이 되는 소프트웨어를 모아놓은 사이트예요. 다양한 소프트웨어를 상세하게 비교해놓았을 뿐만 아니라 무료로 다운로드까지 받을 수 있어요. 이러한 소프트웨어를 잘 이용하면 부모는 아들의 컴퓨터 사용 시간을 제한할 수도 있고, 모니터도 할 수 있지요.

사춘기 아들에게 또래 집단이 중요하기는 하지만, 동시에 또래 집단의 압박에서 분리되어 혼자 편안한 시간을 보내는 것도 그만큼 중요해요. 또래 집단에서 정체성을 찾지만, 또래들과 함께하는 시간이 마냥 편하기만 한 건 아니거든요. 아들에게도 혼자서 편안하게 자신을 돌볼 수 있는 시간이 필요해요. 그래서 부모가 아들이 집에 있는 시간만큼은 또래 집단과 연결된 스위치가 꺼질 수 있도록 현명한 가이드라인을 제시해주면 좋겠습니다.

관계의 문제를 해결하는 건 직면하는 용기

"왜 저희 아이만 미워하세요?"

"어머님, 그게 아니라 학교에서의 승열이 모습을 말씀드리는 거예요. 집에서도 지도해주셨으면 해서요."

"그냥 흉보시는 거잖아요. 이런 건 학교에서 알아서 해야지, 왜 계속 집이 문제라고 하시는 거예요?"

6학년 승열이가 학급에서 친구를 때리고 욕하는 바람에 민원이 많이 들어와서 담임 선생님은 승열이 부모님과 상담을 진행했어요. 이런 일이 한두 번에 그쳤다면 아이들끼리 화해를 시키고 상대방 부모님에게도 잘 말했을 텐데, 승열이가 상습적으로 친구를 괴롭히는 탓에 민원이 잦아져 상담까지 이르게 된 것이었지요. 그런데 상담에서 마주한 승열이 부모님의 반응에 담임 선생님은 더 이상 할 말을 잃고 말았어요.

'이제 어떻게 이야기해야 하지?' 머리가 복잡해지고 식은땀이 나려고 해요. 담임하면서 가장 애를 먹는 순간이지요. 부모님이 아이의 잘못을 인정하지 않고 '선생님이 괜히 아이를 문제 삼는다'라고 따지면 상담이 원활하게 이뤄질 수 없기 때문이에요. 그리고 이런 경우 승열이가 괴롭힌 아이들 쪽에서는 화해와 갈등의 조정보다는 학교폭력대책심의위원회의 개최처럼 절차대로 상황의 정리를 요구하곤 해요. 그래서 담임 선생님에게는 서로 물러서지 않는 양쪽의 중간에서 샌드위치가 되는 상황이 벌어지지요.

위기 상담. 학교에서 학생들이 문제 상황에 직면했을 때 상담하는 것을 일컫는 말이에요. 학교에서 장시간 부모님들과 상담하는 경우는 주로 위기 상담이에요. 문제가 있으면 이야기가 길어지기 마련이니까요. 그 과정에서 문제를 해결하게 되는 때도 있지만, 오히려 감정만 상하고 마는 때도 있어요. 승열이 부모님은 후자의 경우겠지요. 승열이와 부모님에게는 안타까운 일이지만, 담임 선생님은 승열이 부모님과 이야기를 한 후에 더 이상은 중재가 불가능하다는 것을 느꼈어요. 상대방 학부모님들이 학교폭력대책심의위원회를 요구하면 그냥 절차대로 처리해야겠다고 생각했지요. 기껏 노력해봤자 서로 감정만 상하게 될 가능성이 더 크니까요.

회피는 문제 해결 방법이 아니다

어른이든 아이든 어떤 상황에서 자신을 지키기 위해 문제에 직면하기보다는 회피하는 방법을 택하는 경우가 있어요. 사실 회피하게 되면 당장은 편해요. 자신의 모습을 지적해준 그 사람을 원망하고 욕하면서 비난의 대상을 나에게서 타인으로 바꿀 수 있으니까요. 회피는 자신을 지키는 데 아주 효율적이고 편안한 방어 기제예요. 하지만 계속 회피하게 된다면 고쳐야 하는 모습을 개선하지 못하고, 언젠가는 너무 커진 잘못된 모습으로 인해 스스로 무너져 버릴 수도 있겠지요.

학교에서도 마찬가지예요. 문제가 있어서 "○○가 이런 모습을 보여요"라고 말했을 때 부모님이 일방적으로 반박만 하면 그다음부터는 선생님도 그런 말을 일절 하지 않아요. 부모님에게 이야기를 해봤자 문제가 해결되기는커녕 갈등만 생기기 때문이지요. 당연히 가정과의 연계 지도가 필요하지만, 그렇게 하기가 어렵다면 학교에서만 지도하고 말아요. 문제가 발생하면 절차대로 처리하고요. 물론 이렇게 되면 부모님은 한동안 편할 수 있어요. 내 아들의 문제가 아니라 교사가 지적하는 모습이 문제라고 생각하니까요. 하지만 아들의 단점을 고치지 못한 채 시간이 흐르다 보면 중학교를 넘어 고등학교 때 더 큰 문제를 만날 가능성이 커져요. '그때 아들의 문제를 제대로 짚고 넘어갈걸' 하고 후회해봤자 이미 시간이

훌쩍 지난 다음이겠지요.

부모에게 필요한 건 문제에 직면할 수 있는 용기

"승열이가 너무 형편없어요. 기본이 안 되어 있어요."

부모가 담임 교사로부터 아들에 관한 부정적인 판단이나 비난을 들었다면 그것이 어떤 사실에 기반한 것인지 반드시 확인해야 해요. 그래야 그 판단이 정당한지, 아니면 단순한 느낌인지 파악할 수 있기 때문이지요. 요즘에는 이렇게 근거 없이 판단하는 말을 하는 선생님은 별로 없을 거예요. 학교에서 상담하는데 선생님이 아들의 행동을 사실에 기반해서 전해준다면 그런 말은 확실하게 되새겨볼 필요가 있어요.

"승열이가 친구들을 괴롭혀요. 쉬는 시간에 괜히 툭툭 건드리면서 친구들이 싫어하는 장난을 하거든요. 그리고 수업 시간에는 공부와 관련 없는 이야기를 많이 해서 다른 아이들이 열심히 수업하는 데 방해가 돼요."

이처럼 사실에 기반한 말을 들었다면 아들이 어떻게 행동하는지 꼼꼼하게 살펴봐야 해요. 그래야 어떻게 개선할지 고민을 시작할 수 있으니까요. 학교에서는 선생님이 지도하겠지만, 가정에서도 잘못된 행동에 대해서는 개선할 수 있도록 이야기를 해주는 것이 필요해요. 아들이 행동하는 마음의 배경을 알아보고, 행여라도 마음속에 쌓인 응어리를 풀어줘야 문제 행동이 서서히 개선될 수 있지요. 누군가 전해주는 아들 이야기. 때로는 씁쓸하게 다가오지만 쓴 약이 몸에도 좋은 것처럼 아들이 성장하는 데 꼭 필요한 것이 아닐까 생각해요.

문제를 회피하지 않고 직면하는 일은 힘들고 쓰라려요. 하지만 직면할 수 있는 용기는 문제 해결의 시작이지요. 혹시라도 학교에서 아들에 관한 이야기를 듣는다면 부모로서 당당하게 직면할 수 있는 용기를 내면 좋겠습니다.

근거 없는 비난에 대응하는 '방패' 만드는 법

"아, 재수 없어!"

쉬는 시간에 공부하고 있던 6학년 민우. 옆자리에 앉은 여자아이에게 한 소리를 들었어요. 다들 재미있게 놀고 있는데, 민우만 수학 문제를 푸는 모습이 마음에 들지 않았나 봐요. 주변 아이들의 시선이 민우에게 쏠렸고, 민우는 얼굴이 시뻘게졌어요. 하지만 당당히 말했어요.

"뭐가 재수 없는데? 내가 문제집 풀어서 너한테 피해 준 거 있어? 야, 말해봐!"

"……"

민우가 이렇게 말하니까 순간 할 말을 잃은 여자아이. "오~" 하는 소리가 지켜보던 아이들 사이에서 흘러나왔고, 상황은 일단락되었어요. 민우의 판정승이었지요. 민우가 겪은 일은 누구나 겪을 수 있어요. 내가 잘못하지 않은 일로도 누군가는 비난할 때가 있거든요. 사춘기의 또래 집단에는 바른길로 가거나 공부를 열심히 하는 친구를 못 봐주는 아이들도 있어요. 자기 마음에 들지 않는 친구의 태도를 비아냥거릴 수도 있고, 공격적으로 말할 수도 있지요. 그럴 때 아들이 상대방의 공격적인 말을 분별할 수 있도록 가르쳐줘야 해요. 단순한 비난의 말이라면 '웃기고 있네'라고 생각하면서 감정을 흘려버릴 수 있는 담대함을 키워야 하니까요.

아들이 감정 섞인 나쁜 말에 휘둘리면서 살면 얼마나 힘들까요? 아들이 살아갈 세상은 거칠어요. 고등학교, 대학교, 군대. 자신에게 들어오는 말 하나하나를 세심하게 받아들이면서 살아가기에 남자들의 세계는 정글과도 다름없지요. 욕 한마디, 말 한마디가 아들에게 비수가 되어 꽂히는 일을 막으려면 타인에게서 들어오는 감정 섞인 말은 걸러내면서 들을 힘을 길러줘야 해요. 이런 힘은 평소 아들과의 대화를 통해서 조금씩 길러줄 수 있어요.

"오늘 어떤 애가 막 욕을 했어요."

"뭐라고 욕했는데?"

"저보고 '개XX, 넌 눈깔이 삐었냐?'고 하더라고요."

"참 이상한 애네. 오히려 자기 눈깔이 삐었나 보네. 그런 말을 하는 거 보니까."

이렇게 대화를 나누면서 기술적으로 맞받아칠 수 있도록 훈련을 시켜주는 일도 필요해요. 상대방이 어떤 나쁜 말을 했는지 경청한 다음, 그런 말이 아들에 대한 근거 없는 비아냥이나 모함이라면 그것을 고스란히 거울로 반사하듯 되돌려주면 된다고 이야기해주세요. 예전에 우리가 어릴 때 자주 하던 "반사!"라는 말처럼 말이지요. 누군가 아들에게 아무런 이유 없이 이상한 욕을 했다면 이렇게 말하도록 교육해주는 것도 좋아요.

"□□ 눈에는 □□만 보인다던데? 네가 그렇구나. 어휴~"

의미 없는 욕에 크게 마음 쓰지 않고 상대방에게 되돌려주는 일. 그래서 자신이 상처받지 않도록 평소에 아들과 이야기를 나누며 훈련을 시켜주세요.

아들의 자존감을 키우는 부모의 말

부모는 아들을 교육할 때 자신의 태도를 돌아볼 필요가 있어요. 자칫하면 교육이라는 가면을 쓴 채로 인격적인 공격을 할 수도 있기 때문이지요. 내 아들이 조금 더 나은 사람이 되었으면 좋겠다는 바람 때문에 지나치게 과한 말이나 행동이 무의식적으로 나올 수도 있으니까요. 아들이 뭔가를 잘못했다면 잘못된 행동에 관해서만 이야기해야 하는데, 실망한 나머지 "너는 정말 못된 놈이야"와 같은 인격적인 판단이 들어간 분노를 아이에게 쏟아낸다면 교육이 아니라 학대를 한 셈이에요. 만약 이런 말이 한두 번으로 끝나지 않고 여러 번 반복된다면 아들은 자존감에 상처를 입게 될 거예요. 또 타인의 공격에도 무기력해질 거고요.

아들의 잘못을 지적할 때 부모가 가장 염두에 둬야 할 점은 부모 자신의 말과 행동이 상처가 아니라 교육이 되어야 한다는 거예요. 잔소리가 교육이 되려면 말 속에 들어 있는 판단을 덜어내야 하지요.

"넌 왜 그 모양이니?"
"넌 정말 안 되겠어."
"왜 그렇게 형편없니?"
"넌 정말 폭력적이구나."

이와 같은 판단의 말은 덜어내고 있는 그대로의 사실을 이야기해줘야 해요. 아이의 행동 자체를 사실적으로 이야기하면서 기대하는 행동을 말해주는 거예요.

"그렇게 물건을 던지면 안 되는 거야."
"시간 약속을 잘 지켜야지."
"말할 때는 목소리를 조금 낮춰도 돼."

그리고 분노하며 공격하는 대신에 부모가 느낀 감정을 솔직하게 전해주는 것이 좋아요.

"시간 약속을 어겨서 속상했어."
"물건을 던져서 걱정됐어. 다음에도 또 그럴까 봐."

부모는 아들에게 말을 할 때 비난을 빼고 원하는 바를 사실적으로 전달하는 방법을 내면화할 필요가 있어요. 아들의 자존감을 위해서 말이지요.

아들에게 더 나은 교육을 해주기 위해서 부모 자신의 어린 시절을 떠올려보세요. 곰곰이 생각해보면 그 시절 부모님이 나를 교육할 때 '이런 태도가 좋았다', '이런 훈육은 좋지 않았다'라고 떠오르는 모습이 분명 있을 거예요. 좋았던 것은 좋았던 대로 아들에게 적용하고, 어른이 되어서도 기억에 남은 좋지 않은 모습은 한 번 더 상기하면서 아들을 위해서 조심해야겠다고 다짐을 해보세요.

또래 집단 사이에서 근거도 없이 판단하는 말, 자기 기분 때문에 상처를 주는 말. 아들은 그런 말에 저항할 힘이 있어야 해요. 아들이 그런 힘을 가지려면 부모가 먼저 아들을 판단하고 정서적으로 공격하는 일을 멈춰야 해요. 그리고 부모가 아들에게 잔소리할 때 담백하게, 있는 그대로의 사실만을 지적하고, 행동을 고칠 수 있도록 이야기한다면 아들은 남들의 근거 없는 비난을 자존감이라는 방패로 막아낼 수 있을 거예요.

“

사춘기 아들에게 꼭 필요한 관계 에티켓

”

표현을 잘하는 아이

“고맙습니다.”

“민우야, 너처럼 고맙다고 말하는 애는 처음 봤어. 우아, 내가 더 고맙다. 민우야, 오늘 정말 고생 많았어.”

고등학교 2학년인 민우, 종례 시간에 선생님이 학생들에게 공책을 한 권씩 나눠 주던 때였어요. 학교에서 행사 선물로 준비한 공책이었지요. 다른 아이들은 선생님이 공책을 줄 때 그냥 데면데면 받았는데, 민우는 달랐어요. 선생님에게 고맙다는 인사를 건넸지요. 이 인사가 선생님에게는 감동이었나 봐요. 아무도 그런 말을 하지 않았으니까요. 종례가 끝나고 민우가 집으로 가려는데 선생님이 한마디를 더 건넸어요.

"민우야, 너는 정말 어디를 가도 환영받을 거야."

민우의 "고맙습니다"라는 말 한마디에 선생님은 왜 이런 말까지 건넸을까요? 아무래도 표현이 인색한 아이들 사이에서 조그만 것에도 고마움을 느끼는 민우가 달라 보였기 때문일 거예요. 남자아이들을 가만히 보면 표현에 인색한 아이들이 많아요. 마음속으로는 친밀함을 원하지만, 표현을 어려워하지요. 그래서 감정을 감추는 일이 더 편안하다고 느끼는 남자아이들이 많아요. '고맙다', '미안하다'처럼 마음을 표현하는 말은 많지만, 아이들은 그런 말을 잊은 듯이 보여요. 한마디도 안 하니까요. 이런 아이들 사이에서 '고맙다'라고 말하는 아이를 보면 그렇게 멋있어 보일 수가 없어요. 그리고 표현을 잘하는 아이는 친구들 사이에서도 인기가 많지요.

표현에 서투른 아이

반면에 표현을 제대로 하지 않는 아이는 핀잔을 받거나 친구들 사이에서 배척을 당할 수도 있어요. 표현은 자신의 마음을 나타내는 도구인데, 그런 도구의 활용이 잘못되면 다른 사람들이 마음을 곡해해서 받아들이기 때문이에요. 관계에서 오해를 받기 쉬운 상황이 연출되는 것이지요.

6학년 승열이는 쉬는 시간에 친구에게 심한 장난을 쳐서 지적을 받았어요. 선생님은 승열이를 조용히 불러서 이야기했지요. 그런데 선생님의 이야기를 듣는 승열이의 자세가 너무 아니었어요. 실실 웃고, 다리를 흔들고, 시선은 다른 곳을 바라보고 있었거든요. 짧게 한마디 하고 끝내려던 선생님은 '어? 이게 뭐지?' 하는 마음이 들었어요. 도무지 경청하는 자세를 보이지 않았으니까요. 선생님과의 관계뿐만 아니라 친구와의 관계에서도 표현하는 태도는 중요해요. 태도에 따라서 친구들을 끌어들이기도 하고, 밀어내기도 하니까요.

관계 속에서 아들에게 불리하게 작용하는 5가지 태도

• 자신의 행동에 관한 이야기를 들을 때 웃거나 딴짓하기

선생님이 말할 때 실실 웃는 아이들이 있어요. 심각한 이야기인데도 그저 웃어넘기는 아이들. 교실뿐만 아니라 가정에서 부모님이 이야기할 때도 아이들은 종종 웃어요. 그렇게 웃어서 그 순간을 모면하려는 것이지요. 그런데 아이가 일부러 그러는 것은 아니에요. 부모님에게 반감이 있거나 무시해서 그러는 것도 아니고요. 웃음은 자아를 지키기 위한 아이들의 방어 기제로, 무심코 웃는 것이지요. 충고에 직면하는 힘이 약하기 때문이에요.

혹시 아들이 가정에서 이런 모습을 보인다면 그렇게 웃는 모습보다는 경청하는 태도를 보이는 게 좋다고 이야기해주세요. 물론 한두 번의 이야기로는 태도가 고쳐지지 않을 거예요. 계속해서 반복적으로 아들에게 이야기하고, 행여 싫은 소리를 할 때도 조곤조곤 부드럽게 말하는 태도가 필요해요. 너무 강압적으로 훈육을 한다면 아들은 자신을 지키기 위해 더욱 회피하는 태도를 보일 수 있기 때문이에요.

• 이야기할 때 화를 내면서 소리 지르기

교실에서 남자아이들끼리 서로 말싸움을 해요. 둘이 비슷비슷하게 잘못했는데, 중간에 한 아이가 소리를 버럭 질러요. 그때 불리해지는 것은 소리를 버럭 지른 아이예요. 비슷하게 잘못하지 않았고, 오히려 피해를 받은 경우라도 소리를 버럭 지른다면 불리한 상황에 놓일 수밖에 없어요. 자초지종과는 상관없이 일단 처음 보이는 것이 소리 지르는 아이의 폭력적인 모습이니까요. 그래서 딱히 잘못하지 않았는데도 억울하게 오해를 받는 경우가 있어요. 가정에서도 형제자매나 남매가 싸울 때 소리를 지르는 쪽이 더 혼나기도 하지요.

소리를 지르는 행위는 상황을 불리하게 만들어요. 하지만 몇몇 남자아이들은 일단 소리부터 지르고 보는 경향이 있지요. 화가 나고 짜증 나는 감정을 바로 행동으로 풀어버리는 경향도 있고요. 여기서 부모가 고민해야 할 것은 아들의 상한 감정이 태도가 되지 않게 만들어주는 일이에요. 화가 나고 짜증이 난다고 해서 소리를 지르고 물건을 던지는 행위가 정당해지는 것은 아니니까요. 감정은 받아주되, 그런 행동은 하지 않는 게 좋다는 것을 지속해서 교육해줄 필요가 있어요.

• 욕을 섞어가면서 말하기

사춘기 남자아이들이 서로 말하는 내용을 들어보면 깜짝 놀랄 때가 많아요. 욕을 아주 찰지게 하기 때문이지요. 이 시기의 아이들치고 말할 때 욕을 섞지 않는 아이는 아주 드물어요. 다시 말해 내 아들도 집에서는 얌전하게 보일 수 있지만, 친구들과 어울릴 때는 어떤 말을 사용할지 부모도 완벽하게 알 수가 없다는 거예요. 그러므로 평소에 아들이 욕을 위주로 말하지 않도록 가정에서도 교육이 필요해요. 욕이 어떤 뜻을 담고 있는지, 어떻게 다른 사람들에게 상처를 줄 수 있는지 등 바른 언어생활을 하기 위해 노력해야 한다는 것을 알려주세요.

• **툭툭 치면서 몸싸움하기**

사춘기 남자아이 중에는 말하는 중간에 친구의 몸을 건드리는 아이도 있어요. 그냥 말만 하면 되는데 괜히 툭툭 치고 건드리는 것이지요. 그런데 이런 행동이 간혹 학교 폭력으로 발전하기도 해요. 아이에 따라 다르겠지만 말하면서 무의식적으로 동작이 함께 나가기도 하고, 툭툭 치는 행위가 세 보인다는 느낌이 들어 그럴 가능성이 다분히 있지요. 여러 가지 동기에서 나오는 행동이겠지만, 이런 행동 때문에 친구들과 문제가 생길 수 있으니 조심하도록 해야 합니다.

• **대화할 때 끼어들기**

말이 많은 아이가 있어요. 친구들의 말을 경청하면서 자기 이야기를 하면 괜찮은데, 친구들의 대화에 끼어들어 자기 이야기만 하는 모습. 이런 모습을 아이들은 싫어해요. 행여나 이런 행동이 계속된다면 인기 없음을 넘어서 은근히 따돌림을 당할 수도 있어요. 인정받고 지지받고 싶은 마음에 자기 이야기만 하는 아이. 이런 아이일수록 가정에서 충분히 이야기를 들어줘야 해요. 어릴 때부터 "엄마(아빠), 이거 봐요"라는 말을 할 때 진심으로 봐주고 지지해준다면 자기 이야기만 하는 모습은 피할 수 있을 거예요.

아들의 좋은 태도는 부모의 지지와 사랑에서 나온다

타인을 대하는 태도는 하루아침에 만들어지지 않아요. 오랜 시간에 걸쳐 만들어지는 습관이지요. 오랫동안 지지받고 사랑받은 아들은 좋은 태도를 보일 가능성이 커요. 반면에 지지받지도, 사랑받지도 못한다고 느끼는 아들은 다른 사람들이 싫어할 만한 태도를 보일 가능성이 크지요. 안타깝지만 부모가 베푸는 사랑과 아이가 느끼는 사랑이 다를 수도 있다는 사실. 그래서 부모가 아무리 사랑을 줘도 아들은 그것을 사랑으로 온전히 받아들이지 못한 채 속상할 수도 있다는 것을 고민해봐야 해요. 부모의 마음이 아들의 마음에 가닿도록 말이지요.

말로는 "사랑한다"고 이야기하고 나서 아들이 잘못하는 모습을 보면 눈에서 레이저가 먼저 나가지는 않는지, 그냥 이야기해도 되는데 냉랭하게 말하지는 않는지, 한 번만 혼내도 될 것을 몇 번이고 지속하면서 분위기를 험악하게 이끌지는 않는지, 아들 앞에서 너무 격하게 화를 내지는 않는지 등 일단 부모로서 우리의 모습을 점검하면 좋겠어요. 어른의 뒷모습을 아이가 그대로 배우니까요.

03

공부 자존감과 사춘기 공부법

사춘기 부모에게 공부는 참 어렵고 답답해요. 점점 입시와 가까워져서 부모는 조바심이 나는데 아들은 느긋하기만 하거든요. 제발 공부 좀 하라고 매일 실랑이하는 일도 힘들고, 공부를 안 하겠다고 투덜거리는 아들을 보는 일도 힘들어요. 알아서 마음먹고 공부하면 좋으련만 그런 아이는 남의 아들일 뿐… 내 아들이 어떻게 하면 숙제도 대충 때우고 말까 고민하는 모습을 보면 과장을 조금 보태 절망적인 마음이 들기도 해요.

공부하는 이유는 무엇일까요? 입시도 중요하겠지만, 사실 아들의 직업이 학생이기에 공부하는 거예요. 학창 시절 동안 매일의 과업을 성실하게 완수하는 근성을 기르기 위해서 아들은 공부해요. 멀리 있는 입시보다는 매일의 '과업 완수'를 공부의 목적으로 삼으면 어떨까요? 그러면 아들은 공부하면서 매일매일 꾸준히 쌓아가는 성취감을 느낄 수 있을 거예요. 무엇보다 부모가 먼저 조바심을 덜어내고 의연하게 공부를 받아들이면 좋겠어요. 그래야 아들도 마음 편히 공부할 수 있을 테니까요.

공부 실랑이는 필요하다

중학교 2학년인 승열이는 학교에서 집으로 돌아오면 아무것도 안 해요. 엄마 아빠가 보기에는 아무것도 안 하지만, 사실 승열이는 무언가를 열심히 해요. 게임하기, 스마트폰으로 유튜브 영상 시청하기, 카톡으로 친구들과 이야기하기 등 나름대로 참 바쁘지요. 엄마 아빠의 눈에만 속이 터지고 답답할 뿐이에요. 승열이에게 공부하라고 말하면 귓등으로도 듣지 않아요. "싫어요." 이 한마디가 전부예요. 오히려 왜 공부를 해야 하냐고 되묻는 말에 엄마 아빠도 말문이 막혀요. 너무 당연하게 말하거든요. 방 안이 너무 조용해서 공부하나 싶으면 웹툰을 보면서 낄낄대고 있어요. 부모로서는 답답한 노릇이지요. 승열이 부모님은 초등학교 때 '나중에 공부하겠지…' 하면서 그냥 뒀어요. 철들면 알아서 할 거라고 생각하면서요. 하지만 끝끝내 철은 들지 않았고 공부와는 점점 멀어져만 갔어요. 정확히 말하면 평행선상에 있지요. 평행인 두 선은 서로 만날 수 없으니까요.

우선 '공부해야 한다'는 인식부터 심어준다

"아이가 공부를 너무 싫어해요. 그냥 내버려둬도 될까요?"

학부모 상담이나 강연을 하다 보면 이런 질문을 자주 받아요. 그만큼 공부는 대다수 부모가 고민하는 문제인 듯싶어요. 초등 저학년 때 아들한테 일기 쓰기를 시키면 어땠나요? 일기를 쓰자는 말에 "네, 어머님(아버님). 소자 지금부터 일기를 쓰겠습니다"라고 하면서 고분고분 쓰던가요? 겨우 일기 쓰기 하나를 시키기도 쉽지는 않았지요. 물론 기질이 조금 순한 아이는 어느 순간 받아들이면서 열심히 하기도 해요. 하지만 기질이 고분고분하지 않은 아이는 고학년 때까지, 아니 중학생이 되어서도 끝까지 공부 실랑이를 하느라 정신이 없어요.

실랑이가 고학년까지 이어지면 부모가 먼저 지쳐요. 공부고 뭐고 이제는 그만하고 싶다는 마음이 굉장히 강하게 들 수도 있고요.

공부시키기는 정말 힘들어요. 그래서 포기하고 싶을 순간이 자주 찾아오지요. 그래서 깔끔하게 포기하면 어떨까요? 편할까요? 일단은 아들이 학교에서 설 자리가 없어져요. 중고등학교 때 철이 들어서 '나도 이제 한번 해볼까?' 하는 마음이 들었을 때, 그동안 공부 습관이나 기본기가 잡혀 있지 않은 아이들은 포기하게 되는 것이 현실이거든요. 그리고 나중에 커서 공부 때문에 좌절을 겪게 되었을 때 부모를 탓하는 아이들도 많아요.

"그때 무슨 수를 써서라도 공부를 시켜주셨어야죠!"

슬픈 사실은 잘되면 자기 덕인데 안되면 부모 탓을 하면서 원망하는 아이들이 꽤 있다는 거예요. 지금 힘들다고 그냥 두면 나중에 아이가 커서 철이 들었을 때 서로 불만족스러울 수도 있어요. 힘들어도 꾸역꾸역 억지로라도 시켜야 결국 서로 만족할 수 있지요. 부모가 아무리 힘들어도 마음을 다잡으며 매일의 실랑이를 견뎌내는 것이 나중을 위해서 서로 상생하는 길이에요.

'공부해야 한다'라는 인식을 적어도 초등학교 고학년 때까지는 만들어놓아야 해요. 그렇지 않으면 중학교 때는 그런 인식을 가지려는 노력조차 하지 않기 때문이에요. 학생인데 공부를 안 하면 얼마나 편할까요? 회사에 가서 일을 안 하는 것과 똑같아요. 그런데 회사는 일을 안 하면 당장 그만둬야 하지만, 학교는 공부를 안 해도 그냥 편하게 학창 시절을 보낼 수 있어요. 공부를 포기하면 마음은 답답하겠지만 당장 아무것도 안 해도 된다는 점에서는 이득이에요. 이런 악순환의 덫에 빠지지 않으려면 초등학교 때는 실랑이를 많이 하더라도 공부해야 한다는 인식을 아들한테 심어줘야 해요. 습관이 들고 해야 한다는 마음이 잡혀야 사춘기가 되어서도 공부할 수 있으니까요.

공부를 대하는 감정이자 생각인 공부 정서는 학습량이 많아지는 초등 고학년부터 매우 중요해져요. 그래서 고학년 때까지는 아들과 공부에 관해 대화도 나눠보고, 간헐적으로 보상도 주고, 때로는 객관적인 실력을 확인하기 위해 학원 레벨 테스트도 받아보면서 공부 정서를 끌어올려줄 필요가 있어요.

공부 실랑이를 현명하게 넘기는 방법

아들에게 공부를 시키면서 되도록 실랑이를 하지 않는 것으로 목표를 잡으면 쉽게 지칠 수밖에 없어요. 아들은 사춘기가 되어도 뽀로로 같은 마음을 가지고 있거든요. '노는 게 제일 좋은' 아들의 마음을 부모가 어느 정도는 이해해줘야 해요. 실랑이는 바닷가의 파도와 같아요. 항상 밀려오거든요. 하지만 부모의 마음가짐에 따라 파도에 맥없이 무너질 수도 있고, 서핑하는 사람처럼 파도를 타고 넘어갈 수도 있지요.

사춘기 아들의 공부 정서를 잘 잡아주기 위해서 부모가 고민해 봐야 할 것이 있어요. 과거 『초등 집공부의 힘』에서 이야기한 적이 있지만, 간략하게 몇 가지만 다시 짚고 넘어갈게요.

- **부모 역할**

– 부모는 선생님이 아니라는 사실. 다른 아이들도 한 번에 이해하지 않고, 누구나 실랑이하며 힘들게 공부한다는 사실을 기억하세요.

- **기질**

– 공부와 맞는 기질을 가진 아이가 있고, 그렇지 않은 아이가 있어요. 기질이 순하고 순응하는 아이라면 공부시키기가 어느 정도는 수월하겠지만, 기질이 고분고분하지 않은 아이라면 아이의 마음을 맞춰주는 것부터 우선순위에 둬야 해요. 그렇지 않으면 공부를 시키면서 관계가 틀어질 수도 있거든요.

- **부모의 임무 분담**

– 엄마와 아빠가 서로 임무를 분담하면서 아이 공부를 봐주는 것이 좋아요. 혼자서 다 하려고 하면 지치기가 쉽거든요. 엄마가 아이를 혼내고 있다면 아빠는 엄마의 기분도 맞춰주면서 아이를 다독여주고, 반대의 상황에서도 마찬가지로 서로 긴장을 완화해주는 역할을 하는

것이 아이의 정서적 안정을 위해서도 좋아요.

- **공부 대화**

– 부모가 공부의 주인이 아이 자신이라는 사실을 알려주는 것이 좋아요. 하지만 대화한다고 너무 길게 말하면 잔소리가 되기 때문에 적절한 시기를 잡아서 짧게 마음에 꽂히는 대화를 해주는 것이 효과적이에요. 또 평소에도 "공부해!"라고 말하기보다는 "밥 먹고 숙제할래? 숙제하고 밥 먹을래?"처럼 숙제한다는 전제를 두되, 선택권을 주는 대화를 하는 것이 아들에게는 훨씬 편안한 질문이에요.

아들이 기꺼이 공부하도록 만들어주는 일은 정말 쉽지 않아요. 초등 저학년 때 습관을 잘 잡아놓았더라도 놀고 싶은 마음이 없어지는 건 아니니까요. 학교 숙제, 학원 숙제, 학습지 등 아들은 공부해야 할 것들이 많아요. 그래서 어떤 날은 옆에서 보기가 안쓰럽기도 해요. 어려서부터 왜 이렇게 열심히 해야 하는지, 이런 과정이 나중에 아들에게 어떤 이익을 가져다줄지 회의에 빠지기도 하지요. 그럼에도 책상 앞에서 열심히 공부하는 시간은 아들 인생의 자양분이에요. 인내하고 집중하는 시간이 분명히 미래의 거름이 될 테니까요. 열심히 공부하며 실행력을 기를 수도 있고요.

공부 자존감을 키우는 공부 퀘스트

공부는 왜 하는 것일까요? 부모는 왜 아들을 공부시키느라 힘들어야만 하는 것일까요? 한번쯤 이런 질문을 던져본 적이 있을 거예요. 부모가 공부를 걱정하는 이유는 아들의 미래를 염려하기 때문이에요. 전통적으로 공부는 계층 이동의 사다리였어요. 열심히 공부해서 좋은 대학에 가고 좋은 직업을 얻는 구조. 그래서 누구든지 공부를 잘하면 잘살 것이라는 희망을 품을 수 있었어요. 적어도 지금의 부모 세대는 말이지요.

하지만 요즘은 어떤가요? 기술의 발달, 기대 수명의 증가로 예전처럼 공부하고, 취직하고, 은퇴하는 삶의 방식에 많은 변화가 생겼어요. 평생 공부를 해야 하고, 평생 일거리를 찾아야 하고, 은퇴

후에도 연금의 보호를 받지 못할 가능성이 커요. 예전에는 공부가 삶을 보장해줬지만, 이제는 공부가 삶을 보장해주는 시대는 아니에요. 하지만 아이러니하게도 공부의 필요성은 더 증가하고 있어요. 평생 무언가를 배우면서 자신의 가치를 끌어올려야만 각자도생이 가능한 시대이기 때문이지요. 그런데 공부의 결과인 입시만을 중요하게 여기면 문제가 생겨요. 바로 조바심이 자리를 잡거든요. 공부를 못하면 인생이 망한다고 생각하는 것이지요.

아들이 편안하게 공부하게 하려면 조바심을 멀리하도록 도와줘야 해요. 조바심은 공부를 방해하는 가장 큰 적이니까요. 특히 시험이 다가올수록 조바심은 아들의 발목을 잡고 놓아주지 않으려고 하지요.

"이렇게 공부해서 나중에 뭐가 되려고 그러니?"
"이것도 하나 제대로 못 해?"
"이렇게 해서 어떻게 하려고 그래? 차라리 그만둬!"

부모가 은연중에 하는 한두 마디의 말이 아들 마음속에 가시처럼 콕 박혀요. 이런 말은 공부할 때나 시험을 볼 때 부지불식간에 아들에게 실패에 대한 두려움을 상기시키지요. 그래서 부모는 공부와 관련한 말 한마디를 할 때도 마음을 가다듬어야 합니다.

아들의 공부 자존감

민우와 승열이는 중학교 시절 학교에서 공부를 잘하기로 유명했어요. 학습에 대한 흥미도 있고 이해도 빠른 학생들이었지요. 중3 때 민우와 승열이는 모두 영재고등학교를 희망해서 시험을 봤어요. 그런데 안타깝게도 둘 다 불합격을 했어요. 영재고 입시는 만만치 않았거든요. 하지만 문제는 영재고에 떨어진 다음이었어요. 민우는 너무 실망한 나머지 '난 해도 안 돼!'라는 마음에 손에서 공부를 놨고, 승열이는 '아, 떨어졌네. 그래도 대학교 입시는 잘해야지' 하는 마음에 더 분발해서 공부했지요. 그래서 중학교 때는 실력이 비슷했지만, 대학교 입시에서는 커다란 차이가 났어요.

민우와 승열이는 무엇 때문에 성패가 달라졌을까요? 둘 다 실력도 비슷하고 출발점도 같았는데 말이지요. 바로 공부 자존감 때문이에요. 어려움에 대처하는 역경지수, 할 수 있다고 믿는 자기 효능감. 이 2가지가 공부 자존감을 만들어요. 그런데 민우는 둘 다 부족했어요. 할 수 있다고 믿는 마음도 부족했고, 결과에 따라서 마음이 무너지는 경향이 강한 아이였지요. '시험을 못 봤으니까 난 공부를 못하는 거야'라는 마음을 가졌거든요. 하지만 승열이는 달랐어요. '이번엔 못했지만, 다음번에는 잘할 수 있지 않을까?'라는 마음으로 위기를 이겨냈으니까요.

중학교에서 고등학교로 넘어가면서 공부 실력이 눈에 띄게 저

하되는 아이들을 볼 수 있어요. 학습량에서 많이 차이가 나고, 학습 내용도 어려워지기 때문이지요. 중학교에서는 한 번에 이해되는 내용이 많았던 반면, 고등학교에서는 글자는 한국어인데 전혀 다른 외국어를 읽는 것처럼 이해되지 않는 내용이 대부분이에요. 그래서 결과만 중요하게 여기면 공부가 상대적으로 어려워질 수밖에 없어요. '왜 이해가 안 되지? 난 머리가 나쁜가 봐'라는 마음이 들거든요.

학년이 올라갈수록 공부를 마음에 붙들어두려면 공부는 '머리가 아니라 투자하는 시간'이 중요하다는 사실을 깨닫게 해줘야 해요. 한두 번에 이해될 수도 있지만, 그렇지 않은 것이 공부의 세계에는 더 많다는 사실. 그래서 공부를 하려면 잘 이해되지 않더라도 끝까지 파고드는 힘이 중요하다는 것을 어릴 때부터 각인시켜줘야 학습 내용이 어려워지더라도 중심을 잘 잡을 수 있어요. 만약 아들이 수학 문제를 풀다가 갑자기 풀리지 않는다고 답답해하면 다음과 같은 대화를 나눠보는 것도 도움이 됩니다.

"아… 수학 문제를 하나 푸는 데 5분이나 걸리다니……."

"5분이나? 5분밖에 안 걸린 거지. 나중에 공부하다 보면 온종일 고민해도 안 풀리는 문제가 정말 많아. 5분은 아무것도 아니야."

"진짜요?"

"그럼! 이해 안 되는 게 막 나오지? 공부는 이제 시작인 거야. 앞으로는 죽었다가 깨어나도 이해가 되지 않는 문제가 많아. 이제부터는 책상 앞에 엉덩이 딱 붙이고 앉아서 이해 안 되는 걸 계속 붙잡고 있는 사람이 이기는 거야."

"아, 오늘 공부하면서 멘탈이 털렸었는데… 이게 당연한 거네요?"

"그럼, 이해가 안 되는 걸 배우는 데 처음부터 한 번에 팍팍 이해되는 게 이상한 거야."

공부는 쉽지 않아요. 학년이 올라갈수록 '어려움'과의 싸움이 되어버리기 때문이지요. 끈질기게 파고들고 훈련해야지만 '아~' 하고 이해하는 순간이 찾아와요. 그래서 아들에게 '공부는 쉽지 않다', '한 번에 이해되는 것은 별로 없다'라는 사실을 끊임없이 이야기해줘야 혹시 모를 좌절에 저항할 수 있어요.

학창 시절의 공부는 선택의 문제가 아니에요. 온종일 공부하는데 진도를 못 따라가거나 어려운 개념을 이해하지 못하면 아들은 위축되기 시작해요. 그리고 무기력해져요. 선행 학습을 해서 학교 공부에 심드렁한 것도 문제지만, 복습을 안 해서 학교 공부를 따라가기 힘든 것도 문제예요. 학교 공부를 따라가지 못하면 '난 해도 안 되는 애'라고 인식하게 되고, 그런 무기력함이 아이를 괴롭혀요. 무얼 하든 '할 수 없을 거야'라는 마음을 가지게 되니까요. 그래서 아들이 학교에서 공부를 잘하고 있는지, 학교에서 요구하는 성취 기준을 잘 따라가는지를 집에서도 세심하게 살펴볼 필요가 있어요. 학교 수행 평가 결과도 꼼꼼히 살펴보고, 아들이 집에서 문제집을 풀 때 개념을 정확히 아는지도 파악해보면 좋아요. 학원에 다니더라도 아들 공부를 확인하는 것은 필수예요. 학원은 학교보다 진도도 훨씬 빠르고 학습량도 많아서 그때그때 점검해야 나중에 실망하는 일을 막을 수 있거든요.

공부는 아들이 모르는 사이에 자존감을 갉아먹기도 해요. 반대로 공부가 자존감을 올려주기도 하고요. '난 할 수 있을 거야'라는 자기 효능감을 길러주니까요. 아들이 학교에서 자신 있게 생활할 수 있도록 공부를 잘 살펴봐야 하는 이유예요. "오늘부터 아들과 함께 공부 삼매경에 빠져보면 어떨까요?"라고 이야기하지는 않을게요. 저녁에 아들을 공부시키느라 힘든 부모님이 많아요. 저희 집을 포함해서요. 삼매경은 무슨? 짜증만 내지 않아도 감사하지요. 물론 공부시키는 과정은 힘들지만, 그래도 부모로서 신경을 많이 써야 합니다.

공부를 사춘기 아들의 퀘스트로 만든다면

부모는 아들에게 공부를 열심히 시키고 싶지만, 아들이 받아들이는 태도는 다를 수 있어요. 이런 마음을 가지기도 하거든요. '미래를 위해 10대의 시간을 저당 잡히고 싶지 않다.' 틀린 말은 아니지만 이런 마음이 매일 쌓이다 보면 자칫 피해 의식이 자랄 수도 있어요. 하기 싫은 일을 억지로 해야 하는 마음은 답답할 수밖에 없으니까요. 아들이 공부를 떠올렸을 때 '미래를 위해 쌓아가는 시간'이라고 인식하게 하는 것이 중요해요. 그래야 지치지 않으면서 기분 좋게 공부할 수 있으니까요.

혹시 '퀘스트'라는 말을 들어봤나요? 온라인 게임 안에서 게임을 하는 사람이 수행해야 하는 임무예요. 퀘스트를 성공하면 보상이 따라와요. 아이템이 생기거나 레벨이 올라가는 것처럼요. 예를 들어, 현재 온라인 게임의 대명사로 불리는 리그 오브 레전드에서는 게임에 접속해서 활동한 만큼 계정의 레벨이 올라가요. 레벨이 올라가면 쓸 수 있는 아이템이 달라지고 공격력도 세지지요. 시간을 투자해서 열심히 한 만큼 게임의 세계에서는 강자가 되는 거예요. 퀘스트에 대한 보상은 게임에 몰입하게 되는 가장 큰 요인이에요. 보상에는 쾌감이 따르고, 쾌감은 욕구를 자극하니까요.

사춘기 아들의 공부는 온라인 게임의 퀘스트처럼 만들어주는 것이 중요해요. '공부하는 만큼 잘하게 된다'라는 내적 보상부터 '공부를 하면 뭔가 좋은 일이 생긴다'라는 외적 보상까지 어느 정도의 보상이 아들이 공부에 몰입하는 중요한 장치가 되는 것이지요. 초등학교 때까지는 간단한 수학 연산 문제를 정해진 시간 안에 풀면 선물을 준다든지, 자기가 해야 할 일을 할 때마다 스티커를 하나씩 주면서 다 모으면 치킨을 사준다든지 등의 외적 보상을 아들의 공부에 끌어들일 수 있어요. 그런데 사춘기 즈음부터는 초등학교 때 쓰던 간단한 보상 체계가 잘 작동하지 않아요. 아이들이 심드렁하거든요. 외적 보상은 사춘기 이전이 가성비가 좋아요.

사춘기부터 외적 보상은 이전보다 자극적인 것이 될 수밖에 없어요. 그럼에도 불구하고 아들이 공부에 흥미를 보이지 않는다면 외적 보상도 한 번쯤은 고려해볼 만해요. 평소 사고 싶었던 운동화를 사준다든지, 갖고 싶었던 전자 기기를 사준다든지 등 아들이 원하는 것을 해주면서 공부하는 방향으로 유도하는 것도 방법이 될 수 있어요. 다만, 외적 보상이 모든 활동에 적용되는 것은 아니에요. 자칫 보상 때문에 공부하게 되면 나중에 보상이 없을 때는 공부하지 않으려고 할 테니까요. 공부에 대한 내적 동기가 많지 않을 때 '간헐적'으로라도 외적 보상을 통해 공부 동기를 끌어올리는 것이 한 가지 방법이라는 말을 전하고 싶어요.

학창 시절의 공부는 입시로 향하는 과정이기도 하지만, 한편으로는 성실함을 기르는 도구예요. 그날그날 해야 할 과업을 성실하게 수행하는 태도와 마음가짐, 매일의 실행을 통해서 어른이 되었을 때 성실하고 꾸준하게 자기 일을 추진해낼 수 있는 능력을 기르게 되는 것이지요. 그런 실행력은 훗날 아들에게 커다란 무기가 되어줄 거예요. 입시의 성공 여부를 떠나서 아들에게 내재한 능력이니까요. 어디서든 아들을 빛나게 해줄 실행하는 힘을 기르는 시간. 과정은 힘들지만, 충분히 견딜 만한 가치가 있어요.

변화하는 입시에 대처하는 법

"열심히 하지 않았기 때문에 대학을 잘 못 간 거야."

"요즘 애들이 얼마나 힘든 줄 알아? 아무리 열심히 해도 안 될 수 있는 건데……."

"그런 게 어딨어? 우리 때는 부모가 신경 안 써도 잘만 갔어. 노력이 부족했던 거지."

승열이를 대학에 보낸 아빠는 아들을 볼 때마다 가슴이 답답해요. 열심히 했으면 조금 더 좋은 학교에 갈 수 있지 않았을까? 왜 노력하지 않았을까? 뒷바라지해주고 학원도 보내줬는데 결과가 왜 그 모양일까? 엄마는 그런 생각을 하는 아빠를 보면서 더 답답해져요. 요즘 입시의 현실을 알기나 하는지… 지필 평가, 수행 평가, 수능 등 그동안 공부하는 데 신경 한번 써본 적도 없으면서 결과만 가지고 아들을 닦달하니까요.

맞벌이 부부였던 승열이 엄마와 아빠. 맞벌이였지만 교육은 엄마의 몫이었어요. 아빠는 '공부는 아이가 알아서 하는 거야'라는 생각이 확고했기에 함께 발맞춰 나가기가 어려웠거든요. 엄마는 승열이가 초등학교 때부터 고등학교 때까지 공부를 봐주고, 학원을 알아보고, 때마다 레벨 테스트를 보러 다니면서 열심히 공부를 시켰지요. 그러면서 알게 되었어요. 요즘 아이들이 너무 힘들다는 사실을요. 부모 세대와는 비교도 안 될 만큼 훨씬 복잡해진 대학 입시. 그래서 아들에게만 입시를 맡겨놓을 수가 없어요. 공부도 해야 하고 수많은 입시 전형의 정보를 파악해 전략을 짜야 하는데, 시간은 한정되어 있으니까요.

승열이 아빠는 수능을 봐서 대학에 갔어요. 내신은 별로 좋지 않았지만, 그때는 수능으로만 입시를 치르는 특차 전형도 있었고, 내신이 들어가는 정시 전형도 내신의 실질 반영률이 그다지 높지는 않았거든요. 그러니까 그저 열심히 공부해서 수능 점수를 잘 받으면 대학에 입학하기가 비교적 쉬웠어요. 입학 전형도 요즘처럼 복잡하지는 않았지요. 정시와 특차, 딱 2개의 전형. 한마디로 대학 당락의 가장 중요한 요소는 점수였어요. 수능이든 내신이든 공부를 통해서 얻은 시험 점수가 가장 중요했지요. 승열이 엄마도 승열이 아빠의 생각은 이해해요. 비슷한 세대니까요. 하지만 요즘은 그렇지 않다는 사실을 승열이 아빠가 모르는 것이 답답해요.

몸이 10개라도 부족한 입시 준비

대학 입시를 위해서는 굉장히 복잡한 정보를 하나하나 확인해야 해요. 우선 대학 입시의 전형이 정말 다양해요. 수시 모집인 학생부종합전형, 학생부교과전형, 논술전형, 특기자전형, 지역균등전형. 이러한 전형도 대학마다 천차만별인 조건과 기준은 학부모의 혀를 내두르게 만들지요. 정시 모집이 있지만 수시로 높은 비율을 뽑기 때문에 내신이 정말 중요해요. 문제는 내신을 잘 받기가 하늘의 별 따기라는 거예요. 1등급은 동급생의 4%, 2등급은 7%… 지금의 부모 세대에서는 내신을 못 받아도 수능에서 충분히 만회할 수 있었기에 교내 경쟁이 조금 덜했지만, 요즘은 학창 시절이 전쟁터예요. '수행 평가-중간고사-수행 평가-기말고사'로 쉬지 않고 이어지는 상대 평가의 행렬이 친구를 친구로만 볼 수 없게 만드니까요. 수시 준비해야지, 수능 공부해야지… 요즘 아이들은 정말 바빠요.

그중에서도 가장 큰 어려움은 정시를 제외하고는 점수가 객관적으로 제시된 정량 평가보다는 주관적이고 질적으로 평가하는 정성 평가가 당락을 많이 좌우한다는 점이에요. 내신을 잘 받는 것은 기본인데, 여기에 정성 평가까지 신경을 쓰려면 많은 시간이 들지요. 그래서 수시와 수능을 함께 준비하기란 굉장히 어렵고 힘들어요. 내신도 잘해야지, 지원하려는 과에 맞춰서 생활기록부의 세부능력특기사항도 신경 써야지, 입학 전형 정보도 알아봐야지, 수능 준비도 해야지… 요즘 수험생들은 몸이 10개라도 쉴 수가 없는 지경이지요.

문제는 상황이 이렇기에 부모가 어떤 식으로든 도와줄 수 있는 학생들은 조금이라도 더 수월하고, 그렇지 못한 학생들은 어려울 수밖에 없다는 불균형이에요. "그 학교는 이런 전형이 있대", "이렇게 준비하면 될 것 같아" 등 부모가 미리 알아보고 어느 정도 방향을 제시해주는 것이 영향을 미칠 테니까요. 요즘 입시가 부모 세대의 입시와 차원이 다르다는 것이 아쉬워요. 또 매번 바뀌지만 2009년생부터는 고교학점제의 전면적인 실시와 함께 대학 입시도 개편될 예정이기에 준비하는 처지에서는 혼란스러울 수밖에 없지요.

입시의 관건은 부모의 정보 파악

요즘 입시의 관건은 정보예요. 특히, 지금 초등학생들이 고등학생이 되는 때는 고교학점제 등으로 인해 입시의 많은 것들이 바뀌는 시기예요. 어떻게 바뀔지는 모르지만, 어떤 식으로든 준비해야 하지요. "엄마 아빠 때는 안 그랬어"라는 마음으로 귀를 닫고 옛날 방식을 고수한다면 아들은 믿을 구석이 없어져요. 요즘 입시는 다르다는 사실, 아들이 공부를 열심히 해야 하는 건 피할 수 없지만, 그에 못지않게 정보를 파악하는 것도 중요하다는 사실, 그리고 아들이 혼자서 공부도 하고 정보까지 파악하기란 어렵다는 사실을 이해할 필요가 있어요.

앞으로 입시가 어떻게 바뀔지 몰라요. 전면적인 입시 개편의 직격탄을 맞는 초등학생들은 2024년이 되어야 입시의 윤곽을 알 수 있지요. 지금 시점에서 부모가 할 수 있는 일은 아들이 고등학교에 가서도 내신도 잘하고, 수능도 잘 보고, 세부능력과 특기사항도 잘 쓸 수 있는 학생이 되도록 도와주는 거예요. 그리고 때가 되면 입시 정보를 파악해서 아들에게 방향성을 제시해주는 것도 중요해요. 공부하느라 바쁜 아들이 정보까지 검색하는 2가지 일을 병행하기는 현실적으로 힘드니까요. 입시는 마치 살아 있는 생물처럼 늘 변화하기 때문에 부모와 아들이 함께 정보를 업데이트하면서 맞춰나가야 한다는 사실을 유념하면 좋겠습니다.

자유학년제와 고교학점제

요즘은 입시 때문에 고등학교를 고민하는 부모가 많은 편이에요. 경쟁이 덜 심한 고등학교에서 상위권 내신을 유지하는 것이 좋을지, 아니면 경쟁하는 고등학교에서 실력을 더 쌓는 것이 좋을지 말이지요. 특히 아들 부모는 남고와 남녀 공학을 두고 고민하기도 해요. 남학생이 내신에 더 취약하기 때문이지요. 미국의 신경 과학자 프랜시스 젠슨은 저서 『10대의 뇌』에서 청소년기에 남자와 여자의 뇌 기능 차이는 실제로 존재한다고 밝혔어요. 사춘기 여학생은 뇌들보(뇌량, 좌우 대뇌 반구를 연결하는 신경 섬유 다발이 반구 사이의 세로 틈새 깊은 곳에 활 모양으로 밀집되어 있는 것)가 더 큰데, 이것은 과제를 전환하는 능력이 사춘기 남학생보다 뛰어나다는 사실을 의미한다고 말이지요. 또 정돈과 주의 집중 기술이 발달하는 데 남학생이 여학생보다 시간이 더 오래 걸리는 것도 많은 학습 전문가가 동의하는 점이에요.

입시에서 중요한 내신과 생활기록부를 잘 관리하기 위해서는 무엇보다 꼼꼼하고 야무진 태도가 필요해요. 요즘은 공부뿐만 아니라 입시와 관련한 정보와 방향도 중요하거든요. 안타까운 것은 아들이 공부하면서 방대한 정보까지 모두 꼼꼼하게 챙기기가 어렵다는 점이에요. 그래서 부모가 어느 정도는 정보를 알아야 아들이 공부하는 방향을 잡는 데 도움을 줄 수 있어요.

"선행은 필요 없어요. 학교 공부만 열심히 해도 충분해요."

"학원에서 몇 바퀴를 돌려야지 고등학교 가서 고생 안 해요. 선행은 필수예요."

이처럼 상반되는 두 대척점 사이에서 부모는 하루에도 몇 번씩 마음이 왔다 갔다 해요. 양가감정에 휩싸이지요. 학교 공부만 잘해도 입시가 잘될 거라는 마음이 들기도 하고, 반면에 미리 준비해놓고 선행을 해야 잘될 거라는 마음이 들기도 해요. 여기서 이런 이야기를 들으면 이런 마음, 저기서 저런 이야기를 들으면 저런 마음. 부모는 그렇게 팔랑귀가 되어 갈팡질팡 마음을 가만히 두지 못해요. 부모 마음은 어쩔 수 없는 것 같아요. 공부와 입시, 모두 자식의 앞날에 중요하게 작용하니까요.

여러 가지 이야기를 경청하며 부모는 '무엇이 맞는 것일까?', '내 아들에게 맞는 방법은 어떤 것일까?' 등을 고민해야 해요. 그래야 제대로 준비해줄 수 있거든요. 여기에 한 가지 더, 입시를 3글자로 표현하면 '케바케'라는 것을 염두에 둬야 합니다. 케바케(케이스 바이 케이스, Case by case). 어떤 아이에게는 맞는 방법이지만, 또 다른 아이에게는 맞지 않는 방법일 수도 있기 때문이지요. 입시를 제대로 준비하려면 요즘 중고등학생은 학교에서 어떻게 공부하는지를 확실하게 파악해야 해요. 교육 과정과 입시에 대한 정보를 정확히 알아야 내 아들에게 맞는 전략을 세울 수 있으니까요.

자유학년제

자유학년제는 중학교 1학년 동안 중간고사나 기말고사와 같은 지필 평가를 치르지 않는 제도예요. 진로 탐색을 돕는 취지에서 중학교 1학년 때 토론이나 실습 위주로 공부하는 것이지요. 지필 평가가 없어서 당연히 중학교 1학년 성적은 내신에 반영되지 않아요. 오전에는 일반 교과 중심으로 수업을 하고, 오후에는 학생 참여형 진로 탐색 토론과 실습을 위주로 수업합니다.

처음에는 2016년에 '자유학기제'로 시작해서 중학교 1학년

1학기에만 중간고사와 기말고사가 없었어요. 그러다가 2018년에 초·중등교육법 시행령이 개정되면서 기간을 늘려 '자유학년제'로 바뀌었지요. 그런데 막상 이 제도를 시행하다 보니 중학교 1학년이라는 어린 나이에 진로 체험 활동이 과연 실효성이 있느냐는 지적이 많이 제기되었어요. 동시에 시험을 치르지 않기 때문에 학력 저하의 우려도 문제점으로 제기되었지요. 그래서 2025년부터는 한 학기만 자유학기제로 운영하고, 중학교 3학년 2학기가 '진로 연계 학기'로 새롭게 도입될 예정이에요. 하지만 2022년부터 2024년까지 중학교 입학생은 기존대로 자유학년제의 영향을 받아요. 1년 동안 시험이 없는 중학교 생활을 하는 것이지요. 다만, 시도 교육청 지침에 따라 1학기만 '자유학기제'로 운영하는 학교도 있어요. 물론 이것도 학교마다 조금씩 다를 수 있지요.

사실 어떤 교육 활동이든 취지는 굉장히 좋아요. 자유학년제도 마찬가지고요. 학생들이 직접 진로를 탐색하고, 다양한 직업과 삶의 형태를 알아나가는 것은 상당히 고무적인 일이지요. 그런가 하면 한편으로는 중학교 1학년을 시험 없이 보낸 다음, 2학년이 되어서 처음으로 중간고사와 기말고사 등 지필 평가를 치르는 아이들은 당황스러움을 느껴요. 그전까지는 그런 시험이 없었으니까요. 또 하나 더, 중학생이 되어 새로운 마음으로 공부하는 습관을 잡으면 좋을 텐데, 1학년을 편안하게 보낸 아이들은 습관이 잡히지 않아서 학년이 올라갈수록 어려움을 많이 겪어요. 부모가 '학력 저하'를 우려하는 이유예요. 습관을 잡기가 정말 어려운데, 소중한 1년을 그냥 허비할 가능성이 커진다는 것이지요.

고교학점제

2009년생들이 고등학교에 입학할 때부터 고교학점제가 전면적으로 도입돼요. 고교학점제는 말 그대로 대학교처럼 고등학교도 학점제로 다니는 거예요. 과목에 따른 학점을 이수하는데, 총 192학점을 이수하면 졸업하게 되는 것이지요. 학생들은 원하는 과목을 들을 수 있지만, 공통 과목은 모두 이수해야 해요.

공통 과목은 국어, 수학, 영어, 한국사, 통합사회, 통합과학, 과학탐구실험 이렇게 7과목이에요. 공통 과목은 1~9등급까지 상대 평가로 성적을 받아요. 선택 과목은 실용수학, 여행지리, 스포츠생활, 영미문학읽기, 고전읽기 등 학교별로 다양하게 개설되지요. 진로탐구, 동아리, 자치 활동 등과 같은 창의적 체험 활동도 학점에 포함돼요. 만약에 자신의 학교에서 듣고 싶은 과목이 없으면 공동 교육 과정을 통해 다른 학교에서 수업을 들을 수도 있어요. 선택 과목은 A~E등급까지 절대 평가로 성적을 받고요. 이러한 고교학점제에 따라서 대학 입시 제도가 개편될 예정인데, 2024년에 정식으로 발표해요. 2009년생부터 적용되는 대학 입시 제도는 아직

안개 속에 가려져 있는 셈이지요.

앞으로 입시가 어떻게 전개될지는 아무도 몰라요. 학군지로 교육 수요가 몰릴 것이다, 특목고나 자사고가 유리할 것이다, 인터넷으로 원하는 고등학교의 수업을 들을 수 있어 학군지의 의미가 줄어들 것이다 등 여러 가지 예측이 있지만, 아직은 어떻게 전개될지 차분히 지켜봐야 하지요. 이렇게 불확실성이 입시를 지배할 때는 학습적으로 실력을 쌓는 것이 가장 기본이에요. 그다음에 전략을 짜야 실효성이 있을 테니까요. 아마 바뀌더라도 지금의 제도에서 아주 크게 바뀌지는 않을 테니, 요즘 아이들이 어떻게 입시를 치르는지부터 잘 확인해보는 것도 분명 도움이 될 거예요.

정시와 수시, 학생부교과전형과 학생부종합전형

[정시와 수시, 학생부교과전형과 학생부종합전형]

↑ 내신		
	A 학생부교과전형, 학생부종합전형	**B** 학생부교과전형, 학생부종합전형, 정시
	C 학생부교과전형, 학생부종합전형	**D** 논술전형, 정시
		수능 모의고사 →

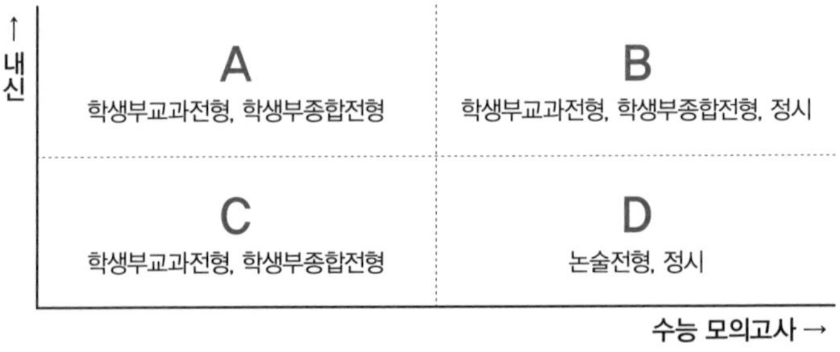

대학 입시를 가르는 요소는 크게 2가지가 있어요. 매년 11월에 보는 수학능력평가(수능), 그리고 학교에서 매번 수행 평가를 치르고, 중간고사와 기말고사를 거쳐서 산출되는 교과 내신 등급과 과목별 세부능력특기사항(세특), 합쳐서 내신과 세특. 2가지 요소 중에 아들의 입시에 결정적으로 작용하는 것은 아들이 속한 그룹에 따라 달라져요. 물론 아들이 내신과 수능에 모두 강하다면 좋겠지만, 둘 중 하나만 강한 아이도 있지요. 그런가 하면 둘 다 좋지 않은 아이도 있고요. 부모는 내 아들이 B에 속한 아이처럼 내신과 수능을 모두 잘하기를 바라지만, 공부는 부모 마음처럼 되지 않는 게 일반적이에요. 그래서 아들의 실력에 따라 어떤 전형이 유리할지 따져보고 전략을 세워야 해요.

학생부교과전형은 교과 내신 등급을 기준으로 합격자를 가려내는 전형이에요. 과목별로 내신 성적이 중요하지요. 문제는 앞에서도 언급했지만 요즘 학교에서 내신을 잘 받기가 하늘의 별 따기라는 것. 누적 비율로 살펴보면 1등급은 4%, 2등급은 11%, 3등급은 23%, 4등급은 40%, 5등급은 60%, 6등급은 77%, 7등급은 89%, 8등급은 96%, 9등급은 100%예요. 학생부교과전형으로 지원할 경우, 2등급 정도면 서울 소재 대학교에 입학할 가능성이 있다고 봐요. 학생부종합전형은 비교과와 세특이 중요해요. 대학들이 입학 사정관을 도입해서 정성 평가를 세세하게 확인하는 전형이지요. 그래서 학생부종합전형으로 대학에 가고자 하는 학생은 진로

적성과 관련해서 정성 평가를 제대로 준비해야 합격 확률을 높일 수 있어요. 비교적 내신 등급이 낮은 학생이라면 학생부교과전형보다는 학생부종합전형이 조금 더 유리해요. 비교과와 세특을 제대로 준비할 수 있다면요. 문제는 세특이 학교 의존도가 높아서 고등학교의 선택도 중요한 요소가 된다는 것이지요.

수능으로만 대학에 지원하는 정시의 비율은 40%. 그렇다고 무조건 수능에만 올인할 수도 없는 것이 고등학생의 현실이에요. 앞에서도 이야기했지만, 요즘 고등학생은 수행 평가 해야지, 중간고사와 기말고사 치러야지, 비교과 신경 써야지, 수능 준비해야지… 정말 몸이 10개라도 쉴 틈이 없어요. 굉장히 빡빡한 현실이지요. 그래서 입시와 관련한 정보는 아들에게 전적으로 맡기기보다는 미리미리 부모가 자세히 알아보면서 함께 준비하려는 노력이 필요해요.

사춘기 아들을 위한 공부 전략

중학교 2학년 1학기, 민우는 시험을 보고 실의에 빠졌어요. 처음 보는 중간고사가 그렇게 어려울 줄은 몰랐거든요. 수학 70점, 영어 70점, 국어는 그나마 다행히 80점. 다른 과목들도 비슷하게 못 봤어요. 석차는 알려주지 않지만, 이렇게 점수가 나오는 시험을 보고 나니 마음이 착잡해져요. 그래도 초등학교 때는 매번 통지표에 '잘함'과 '매우 잘함'이 가득했는데, 중학교 2학년이 되어 처음으로 본 시험에서 이런 성적을 받으니 생각보다 공부를 못하는 것 같아서 마음이 좋지 않아요.

전략 ① 성적 평가 기준을 정확히 알아둔다

아이들은 중학교 2학년이 되어서야 점수가 나오는 시험을 봐요. 이전까지는 수행 평가로만 성적을 산출하고, 통지표도 3단계나 4단계의 등급으로 나누지요. 초등학교의 과목별 성적은 '매우 잘함', '잘함', '보통', '미흡'의 4단계, 중학교는 보통 A, B, C의 3단계. 초등학교의 수행 평가 성적은 절대 평가예요. 성취 기준을 충족한다면 모든 학생이 '매우 잘함'을 받을 수도 있지요. 중학교의 성적도 절대 평가예요. 결과에 따라 점수별로 등급을 받지요. 중학교에서는 좋은 성적을 받기가 어려울까요? 그건 아니에요. 학교마다 다르지만 보통 A등급은 상위 3~40%정도의 학생이 받거든요. 상위 3~40%, 거의 절반에 가까운 아이들이 A를 받아요.

고등학생 학부모님들이 종종 하는 이야기가 있어요. "우리 애가 중학교 때는 공부를 잘했는데, 고등학교에 와서 성적이 떨어졌어요." 학습량이 늘어나기에 고등학교에서 좋은 성적을 받기가 어려운 것은 사실이지요. 그런데 여기서 우리가 꼭 짚고 넘어가야 할 것은 중학교와 고등학교에서 등급을 나누는 기준이에요. 만약 중학교 때 39%의 실력으로 A를 받은 아이가 그 실력 그대로 고등학교에 간다면 어떤 등급을 받을까요? 1등급이 아니라 4등급을 받을 거예요. 고등학교의 등급은 조금 더 세분화되어 23~40%의 아이들이 4등급을 받으니까요. 똑같은 실력인데 중학교 때는 A, 고등학교 때는 4등급! 성적이 떨어진 것이 아니라 기준이 달라졌다고 해야 더 정확한 표현이에요. 이런 기준의 차이로 인해 중학교 통지표를 '아름다운 쓰레기'라고 부르기도 해요. 받을 때만 기분이 좋고, 나중에는 그 기분 때문에 공부에 더 소홀할 수도 있어서요.

전략 ② 단원 평가나 레벨 테스트로 실력을 확인한다

초등학교와 중학교에서는 아들이 공부에서 자기 위치를 정확히 알기가 어려워요. 그냥 그렇게 위치를 모른 채 마음 편하게 지내면 좋을 수도 있지만, 대학 입시는 상대적인 등급을 보기 때문에 마냥 손을 놓고 있을 수는 없어요. 자기 위치를 확인하고 실력을 쌓아야 입시에서 경쟁력을 가질 수 있기 때문이지요. 중간고사와 기말고사 같은 지필 평가가 없는 중학교 1학년까지는 아들의 정확한 실력을 확인하기가 힘들어요. 그래서 집에서 문제집의 단원 평가나 중간고사 및 기말고사 문항을 통하는 것이 간단하게 실력을 확인하는 방법이에요.

조금 더 확실하게 실력을 확인하고 싶다면 때때로 학원에 찾아가서 레벨 테스트를 받아보는 것도 도움이 돼요. 굳이 학원에 다니지 않더라도 일정 비용(1~2만 원 정도)을 내면 시험을 볼 수 있거든요. 물론 레벨 테스트는 현행보다는 선행 학습 위주이기 때문에 어려울 수도 있지만, 현행에서 얼마만큼의 성취도를 보이는지 확인 가능하다는 장점이 있어요. 대개 아들은 공부하기보다는 놀고 싶은 마음이 훨씬 큰데, 레벨 테스트를 위해 학원에 가서 친구들이 공부하는 모습을 보면 확실히 자극되기에 일거양득의 효과까지 누릴 수 있지요.

전략 ③ 학원을 적절하게 활용한다

초등 3~4학년까지는 집에서 공부하는 것도 좋은 선택이에요. 부모님과 함께 학교 진도에 맞춰서 복습하고 실력을 다지면 금상첨화지요. 매일 공부하는 습관을 들이고 책도 열심히 읽으면서 공부 기초 체력을 만들어주면 학년이 올라가더라도 절대 흔들리지 않는 열심히 공부하는 힘이 생기니까요. 그런데 문제가 있어요. 아들이 기질이 순하다면 엄마 아빠가 하자는 대로 고분고분 열심히 하는데, 그렇지 않으면 심하게 저항하거든요. "왜 꼭 그래야 하는데요?", "저는 공부하기 싫어요"라고 말하면서 아예 공부를 거부하기도 해요. 아들이 강하게 저항하면 사실 답이 없어요. 당연히 실랑이도 힘들고요. 그래서 많은 부모가 앞에서도 이야기했던 '딥빡'의 세계에서 허우적대지요. 매일 저녁, 부모의 샤우팅으로 시작해 아들의 울음으로 끝나는 악순환이 펼쳐지기도 하고요.

또 하나, 집에서 공부할 때는 친구들이 보이지 않기 때문에 아들이 "왜 나만 이렇게 해야 해?"라는 의문과 불만을 가질 수 있어요. 그럴 때는 친구들도 다 똑같이 열심히 공부하고 있다는 사실을 보여주면 좋아요. 그런 의미에서 학원에 다니며 공부하는 분위기에 휩쓸리도록 만들어주면 공부 실랑이를 조금 덜어낼 수 있어요. 학습량이 많아도 일단 부모가 아니라 학원 선생님이 시키는 것이기 때문에 실랑이를 최소화하며 공부를 시킬 수도 있고요. 다만, 학원은 매일 해내야 하는 기본 숙제의 양이 많아요. 아들은 당연히 알아서 하지 않을 테고요. 학원에 다니더라도 아들이 제대로 숙제를 하는지, 학원에서 공부하는 내용을 제대로 이해하는지 잘 살펴야 학원비의 효용을 누릴 수 있어요. 아들이 학원에 다니더라도 부모가 학습을 제대로 확인하는 일이 필요하다는 의미예요. 이 또한 실랑이가 필요하겠지만, 집에서의 공부보다는 훨씬 나을 거예요.

전략 ④ 포기는 금물, 끈질기게 버틴다

중고등학교 입학 설명회에 가면 종종 학생들의 사례를 보여줘요. '내신 X등급, 수능 X등급, 학종으로 ○○대', '내신이 안 나와서 정시로 □□대' 등 다양한 학생들의 사례를 보여주며 입시에서 실패하지 않으려면 어떻게 해야 할지 이야기를 해주지요. 수시 전형은 내신 성적이 합격을 많이 좌우하는데, 남학생은 대부분이 내신에서 불리해요. 내신 성적을 잘 받으려면 기본적으로 꼼꼼하고 성실해야 하는데, 그것이 잘되지 않는 아이들이 많거든요. 수행 평가, 중간고사, 기말고사… 무엇 하나 놓치면 안 되는데, 조금만 신경 쓰는 일을 게을리하면 내신은 생각만큼 성과가 나오지 않으니까요.

사춘기 아들이 치르는 수많은 시험 중에서 고등학교의 1학년 1학기 중간고사는 큰 의미가 있어요. 대학 입시의 중요한 요소인 내신의 첫 관문이니까요. 모두가 좋은 결과를 원하지만, 상대 평가인 만큼 모두가 다 만족할 수는 없어요. 여기서 가장 중요한 것은 첫 시험에서 결과가 만족스럽지 않다면 실망한 나머지 '포기할 것인가?' 아니면 '그래도 끝까지 포기하지 않고 열심히 할 것인가?'를 선택하는 것이지요. 전자의 경우는 대학 입시에서 그렇게 만족스러운 결과를 얻지 못해요. 내신을 포기하고 고1 때부터 정시(수능)에 전력을 쏟는다고는 하지만 그게 말처럼 쉽지는 않거든요. 후자의 경우는 그래도 마지막에 웃을 가능성이 있어요. 포기하지 않고 끝까지 하다 보면 수시든 정시든 괜찮은 돌파구를 마련할 수 있으니까요. 버티는 힘, 공부하는 아들에게 꼭 필요한 힘이에요. 첫 시험의 결과가 만족스럽지 않더라도 '그럴 수도 있지. 다음부터 잘해보자'라는 마음으로 꾸준함을 이어나가는 것이 중요해요.

아들의 직업은 학생이에요. 공부 말고는 달리 할 일이 없어요. 일찍 예체능으로 진로를 정해서 실기 과목에 많은 시간을 투자하는 일이 아니면 대부분 공부해야 인정을 받을 수 있어요. 공부를 잘해야 학교생활도 즐겁게 할 수 있고요. 그런데 공부는 어려워요. 어렵다는 것이 가장 큰 걸림돌이에요. 어렵긴 하지만 잘하게 되면 재미있고, 재미있으면 그냥 으레 그러려니 하는 마음으로 공부하게 되지요. 아들이 공부를 잘하게 되기까지는 엄청난 노력과 수고가 들어요. 아들이 어느 정도 자신감을 가지고 '하니까 되네'라는 느낌이 들 때까지 부모가 옆에서 든든하게 지원을 해주면 좋겠습니다.

04

건강한 성교육

아들은 사춘기에 들어서면서부터 성에 관한 관심이 커져요. 소년에서 남자로 변하는 과정에서 일어나는 자연스러운 일이에요. 하지만 때때로 과도하거나 부적절한 관심은 자연스러운 과정을 부자연스럽게 만들기도 해요. 야동에 집착한다든지, 친구의 성기를 만진다든지, 혹은 더 심각한 성추행 사안에 연루되는 일이 남자아이들 사이에서는 종종 일어나거든요. 자연스러운 과정이 부자연스러워지지 않도록 부모가 각별하게 주의를 기울여야 하는 이유예요.

부모가 마음의 준비가 되어 있다면 평소에 아들과 성에 관한 대화를 나눌 기회가 많을 거예요. 그럴 때 최대한 자연스럽게 이야기해주려면 어떤 대화를 나눌지, 어떻게 이야기를 해줄지 등을 미리 고민하는 일이 필요해요. 예상되는 여러 가지 상황에 관한 시나리오를 머릿속에 담아두세요. 그러면 아들과 바람직한 대화를 나눌 수 있고, 그것이 건강한 성교육의 시작이 될 테니까요.

아들의 이차 성징과 몽정 파티

초등 6학년 교실, 어떤 아이가 점을 뺐는지 얼굴에 상처 패치를 잔뜩 붙이고 왔어요. 아이에게 점을 뺐느냐고 물었더니 10개를 넘게 뺐는데 아팠다고 하더군요. 많은 아이의 시선이 집중되었던 점 이야기. 햇볕을 많이 쬐면 점이 생기니까 선크림을 잘 바르자고 이야기를 해줬어요. 점 빼는 데 돈을 많이 쓰지 말자고 하면서요. 그때 민우가 손을 들고 이런 질문을 했어요.

"선생님, 그런데 고추에 점은 왜 생겨요?"

"어디에 점이 생긴다고?"

"고추요. 어, 이렇게 말하면 안 되나? 선생님, 생식기요! 왜 거기에도 점이 생겨요? 햇볕이랑 상관이 없잖아요."

"아, 그렇지. 점이 생기는 데는 햇볕 말고 다른 이유도 있어. 꼭 햇볕 때문에 점이 생기는 건 아니야."

오랜만에 민우 덕분에 진땀을 좀 흘렸어요. 점 빼는 이야기를 하다가 난데없이 고추라니요. 고추에 관심이 많은 민우는 도대체 왜 고추에 점이 생기는지 궁금해요. 초등 고학년부터 시작되는 남자아이들의 이차 성징. 점뿐만일까요? 코밑에 조금씩 거뭇거뭇 수염이 자라기도 하고, 성기 주변에는 하나둘씩 털이 자라기도 해요. 남자아이들은 호기심이 생겨요.

'내 몸이 왜 이렇게 변하지?'

'앞으로 어떻게 변하게 될까?'

자기보다 먼저 수염이 자란 친구들이 부럽기도 하고, 얼른 수염이 나서 아빠처럼 면도하고 싶다는 생각도 하지요. 그래서 아빠가 면도하는 모습을 유심히 지켜보기도 하고, 화장실에서 아빠 면도기를 들고 면도하는 흉내를 내보기도 해요. 어른이 되어가고 있다는 것을 직감하면서 말이지요. 사춘기 시기 남자아이의 가장 큰 몸의 변화는 '몽정'이에요. 여자아이의 첫 월경만큼이나 커다란 변화지요.

몽정 파티, 해야 할까, 말아야 할까?

요즘 트렌드 중 하나인 몽정 파티. 많은 부모가 딸의 첫 생리처럼 아들의 첫 몽정을 축하해줘야 한다고 생각해요. 축하 방법으로 몽정 파티를 계획하기도 하고요. 그런가 하면 어떤 부모는 "몽정 파티요? 아이가 얼마나 창피한지 알기나 해요?"라고 이야기하기도 해요. 몽정 파티를 하는 것이 좋다, 아니면 하지 않는 것이 좋다? 쉽게 결론을 내기는 어려워요. 하지만 몽정을 축하해주는 의미에서 몽정 파티를 생각 중인 부모라면 다음의 몇 가지 고려사항을 잘 알아두면 좋겠습니다.

• 몽정은 어쩌면 아들에게 부끄러운 사건

일단 준비되지 않은 남자아이들의 경우, 몽정은 부끄러운 일이 될 가능성이 커요. 학교에서 한두 시간 성교육을 통해서 배웠어도 실제로 그런 일을 겪으면 당혹스럽거든요. 잠을 자고 일어났는데 끈적끈적한 무언가가 속옷에 묻어 있는 상황. 찝찝하고 창피한 경험일 수도 있어요. 그래서 감추고 싶은 마음이 들기도 하지요.

몽정에 대해서 차분하게 받아들일 기회가 없었다면, 머릿속으로 왜 그런 일이 일어나는지 아직 정리하지 못했다면 몽정은 아들에게 부끄러운 경험이 될 수밖에 없어요. 그래서 이런 경우에는 몽정 파티를 여는 일 자체가 불가능해요. 왜냐하면 "엄마 아빠, 저 몽정

했어요"라고 아들이 스스로 말할 일은 없을 테니까요. 그래서 아이가 몽정을 부끄러워하는 단계에 있다면 부모님은 몽정 파티에 대해 크게 염려하지 않아도 괜찮아요. 몽정을 했는지, 안 했는지 모르고 지나갈 확률이 높으니까요.

• 몽정을 부끄럽지 않게 하는 사전 작업

성기에 하나둘 털이 나거나 몽정하는 것은 아주 은밀한 일이기에 아들이 부끄러워할 수도 있어요. 그래서 이차 성징으로 나타나는 몸의 변화가 부끄러운 일이 아니라는 사실을 아들에게 알려주는 것이 중요해요. 얼굴에 거뭇거뭇 수염이 나거나 목소리가 굵어지는 것처럼 중요 부위에 일어나는 변화도 멋지고 자연스러운 일이라는 사실을 확실하게 알려주는 것이 좋아요. 그런데 이 또한 말처럼 쉬운 일은 아니에요.

"아빠, 아빠는 언제부터 고추에 털이 나기 시작했어요?"

아들이 이런 질문을 했을 때 아빠가 자칫 부끄러워하는 얼굴을 보이면 아들은 곧바로 그 미묘한 표정 변화를 감지해요. 아빠의 머뭇거리는 말투와 부끄러워하는 표정을 보면서 아들은 어떤 감정을 느낄까요? 아들은 그다음 질문을 하지 않을지도 몰라요.

"아빠, 아빠는 언제부터 몽정했어요?"

특히 아빠에게는 이 질문도 정말 어려워요. 물론 요즘 아빠들은 이런 질문에도 굉장히 열려 있어서 예전보다 편안하고 솔직하게 이야기하기는 해요. 그렇지만 평소에 좀 껄끄럽게 생각했는데 아들이 갑자기 이런 질문을 한다면? 편안하게 이야기해주기는 힘들 거예요. 그래서 아들 아빠는 아들이 초등 5,6학년 정도가 되면 언제든 이 2가지 질문을 던질 수 있다는 사실을 염두에 둬야 해요. 미리 질문을 예상한다면 조금 더 편안하게 이야기할 확률이 높아지니까요.

아들이 질문하는 대상은 주로 아빠예요. 아빠는 이미 그 과정을 겪어봤기 때문이지요. 그렇다면 엄마는 아들의 몸과 관련한 주제에서 뒤로 빠져 있어야 할까요? 그렇지는 않아요. 요즘 같은 시대에는 엄마와 아들이 그런 이야기도 터놓고 해야 하거든요. 그만큼 질문에도 대비해야 하지만, 평소에도 꾸준히 몸의 변화에 관해 이야기를 나누는 것이 중요해요. 수염은 언제부터 나는지, 면도하는 것은 어떤 느낌인지, 목젖이 굵어지면 어떻게 되는지, 목소리가 굵어지는 건 어떤 느낌인지, 남자에게 중요한 부분은 어떻게 변하는지, 아빠는 언제부터 몽정했는지 등 아들에게 다가오는 신체 변화에 관해 자연스럽게 이야기를 나눈다면 몽정 파티의 선행 작업은 어느 정도 된 셈이에요.

• **몽정 파티를 할 시간**

아들이 몽정을 긍정적으로 받아들이고, 몽정을 부끄럽지 않게 하는 사전 작업이 잘 이뤄졌다면 비로소 아들과 몽정 파티에 관해 이야기를 나눌 수 있어요. 만약에 이러한 2가지가 선행되지 않는다면 몽정 파티는 과감하게 패스하는 것이 아들의 흑역사를 만들지 않는 일이라는 점을 알아두세요. 몽정 파티에 앞서 선행 작업은 확실히 해야 한다는 것, 다시 한번 강조합니다.

선행 작업이 이뤄졌다면 마지막 단계로 이동할 시간이에요. 몽정 파티를 할 때는 아들에게도 파티가 되어야 합니다. 파티처럼 신나고 기분 좋은 일이 되어야 하지요. 약간은 쑥스러워도 기분이 좋으려면 무엇이 있어야 할까요? 선물이 빠질 수 없겠지요. 어른이 되었다는 느낌을 축하해주는 큰 자리니, 평소 생일에 줬던 선물보다 조금 더 큰 선물을 주면 좋아요. 아들이 평소에 받지 못했던 것을 받으며 기분 좋게 부모에게 "저 몽정했어요"라는 말을 하도록 이끌어보세요.

몽정 파티를 해야 한다, 하지 말아야 한다? 정답은 없어요. 하지만 적어도 몽정 파티를 해주고 싶다면 아들의 마음을 움직이는 과정이 먼저라는 것만큼은 분명하지요. 이왕이면 아들도 즐겁고, 부모도 행복한 몽정 파티를 하면 좋으니까요.

아들보다 반 발짝 빠른 성교육

하교 시간, 친구들이 모두 집으로 돌아간 초등 5학년 교실. 민우는 살금살금 선생님에게 다가가서 조용히 말해요.

"선생님, 승열이가 야동 봤어요."
"어? 승열이가? 어떻게 알았어?"
"어제 승열이가 친구들한테 야동 봤다고 카톡으로 동영상을 보내줬거든요. 그래서 알았어요."
"누구누구한테 줬는데?"
"5명 단톡방이 있는데 거기에다 야동 링크를 보냈어요."

승열이는 친구들에게 카톡으로 야동을 보냈어요. 5명 중에는 그것을 본 아이도 있고, 민우처럼 안 보고 넘긴 아이도 있었지요. 그런데 상담을 하다 보니 얌전한 민우도 야동을 본 적이 있었어요. 어떻게 봤냐고 물으니 놀이터에서 아는 형이 스마트폰으로 보여줬다고 하더라고요. 아예 보지 않으면 좋겠지만, 초등 고학년 정도면 남자아이는 어떤 경로로든 야동을 접하게 될 수 있어요.

야동이 문제인 이유는 한 번 보면 호기심이 생기고, 호기심이 생기면 빠져들 수도 있다는 거예요. 야동은 대부분 불법 촬영물인데, 불법 촬영물은 소유하는 것만으로도 범죄가 되기도 하니까 무조건 조심해야 해요. 야동뿐만 아니라 성인 영화 또한 성에 대한 왜곡된 인식을 심어줄 수 있기에 역시 조심해야 하지요.

선생님은 그다음 날 방과 후, 승열이와 상담을 했어요. 승열이가 어떻게 야동을 받았는지 물어봤는데, 뻔한 대답이 돌아왔어요. "아는 형이 보내줬어요." 요즘 아이들에게 야동은 구하기가 참 쉬워요. 카톡으로 손쉽게 보니까요. 늘어나는 컴퓨터와 스마트폰 이용 시간, 검색도 쉽고, 인터넷을 하다 보면 팝업 창이 뜨기도 해요. 한마디로 야동에 쉽게 노출될 수 있는 환경이지요.

여성가족부의 2020년 청소년 매체 이용 및 유해환경 실태조사에 따르면 야동을 본 초등학생의 비율은 2018년 19.6%에서 2020년에는 33.8%로 증가했다고 해요. 초등학생 3명 중 한 명이 야동을 본 셈이지요. 요즘에는 아이들이 스마트폰을 많이 쓰기 때문에 야동을 더더욱 막기가 힘들어요. 설령 내 아이는 스마트폰이 없더라도 스마트폰을 가진 친구와 은밀한 장소에서 볼 가능성이 있거든요. 아무리 부모라도 아들의 일거수일투족을 감시할 수는 없기에 갑작스레 다가올 수 있는 일에 대해서는 미리 대비하려고 노력해야 해요. 바이러스를 예방하기 위해서 항체가 필요하듯, 야동에도 항체를 만들어줄 무언가가 필요하지요.

야동에 대한 항체를 만들어주는 것은 무엇일까요? 일단은 선제적 성교육이에요. 야동을 보기 전, 아들이 야동이 무엇인지, 야동과 실제 '성'은 어떻게 다른지 알아야 야동을 보고 나서도 사리분별을 할 수 있거든요. 야동이라는 판타지와 현실 사이의 괴리를 정확히 알아야 아들이 잘못된 성적 관념에 사로잡히는 것을 막을 수 있습니다.

TV에서 키스하는 장면이 나올 때

TV를 보다가 남녀 주인공이 키스하는 장면이 나올 때 아들의 반응을 한번 살펴보세요. 민망한 마음에 "으~" 하는 소리와 함께 시선을 돌릴 수도 있을 거예요. 부모와 함께 TV를 보다가 자기도 모르게 거리끼는 마음이 들기 때문이지요. 이때 아들에게 슬쩍 이야기를 건네면 효과적인 성교육이 가능해요.

"민우야, 왜 네가 창피해? 그냥 키스하는 장면인데……."

"아니, 그래도 좀 그렇잖아요."

"뭐가 좀 그래. 그냥 보면 되지. 그리고 있잖아, 나중에 이런 장면을 볼 때는 맥락을 생각해. 남자랑 여자랑 만났다고 다 저렇게 하는 건 아니거든."

아들이 야동을 보게 되면 가장 오해하는 것이 남자와 여자의 스킨십이에요. 미디어에 나오는 장면은 그 장면에 이르기까지 맥락을 건너뛰기도 하거든요. '미디어에 나온 장면에 환상을 가지지 않게 할 것.' 많은 성교육 지침서에서 공통으로 나오는 말이지요. 그래서 아들에게 이런 이야기를 꼭 해줘야 하는데, 문제는 부모가 그러기 위해 야동을 함께 볼 수 없다는 데 있어요. 아들이 아직 야동을 보기 전인데 그런 말을 먼저 해주면 역으로 오히려 더 그런 영상에 관심을 가질 수가 있어서 말을 해주기도 그렇고, 해주지 않기도 그래요. 애매하지요.

혹시라도 아들이 야동에 접근했다는 신호를 포착할 수도 있어요. 포털 사이트 검색창에 '야동', '포르노' 같은 단어를 검색한 정황을 발견하게 된다면 아들과 한 번쯤은 터놓고 대화를 해봐야 해요. 미리 머릿속에서 시뮬레이션을 수도 없이 돌린, 쿨하게 툭툭 던지는 대화를 말이지요.

"민우야, 너 검색창에 야동 검색했던데? 야동 찾았어?"

"아…뇨……."

"있잖아, 야동은 볼 수 있어. 그런데, 너 야동이랑 현실이 완전히 다른 건 알지?"

"네?"

"야동은 뭐랄까, 너무 인위적인 장면이 많아. 현실이랑 다르거든."

"……"

"그래서 그런 걸 자칫 잘못 보면 처음부터 이상한 고정 관념을 갖게 될 수도 있어."

가정에서의 성교육은 사소한 것부터

성교육이라는 3글자를 떠올리면 왠지 거대한 담론 같고 어렵게 느껴지는 것이 사실이에요. 그렇지만 가정에서의 성교육은 너무 거창한 것보다는 아주 사소한 것부터 시작하는 것이 더 도움이 돼요. 말하기 어려운 주제는 기관 교육의 도움을 받아야 하겠지만, 성기를 씻는 일처럼 사소한 이야기는 가정에서도 충분히 해줄 수 있으니까요.

포경 수술을 예로 들어볼게요. 요즘에는 포경 수술을 하는 남자 아이들이 별로 없어요. 예전과는 달라진, 포경 수술이 순기능보다는 역기능이 더 많다는 인식 때문이지요. 포경 수술을 하지 않기에 성기 씻는 일을 구체적으로 알려주는 것이 좋아요. 성기를 감싸고 있는 포피 안쪽에 노폐물이 쌓일 가능성이 높기 때문이지요. 아들이 어릴 때 성기 부분에 염증이 생겨서 연고를 발라준 적이 한두 번쯤은 있을 거예요. 깨끗하게 씻지 않아서 생기는 문제인데, 어릴 때야 직접 씻겨줬지만, 사춘기 아들에게는 그렇게 해줄 수 없으니, 귀두를 감싼 포피 부분을 젖혀서 미지근한 물로 씻을 수 있도록 지도해주세요. 이때 비누는 가급적 쓰지 않도록 이야기해주고요. 자칫 포피 점막을 건조하게 만들거나 균의 번식을 도울 수 있기 때문이에요.

이처럼 작은 것부터 아들과 대화하면서 교육을 해주는 것, 이것이 바로 가정에서도 충분히 할 수 있는 성교육의 시작이에요.

전문 성교육 기관의 도움 받기

아들과 눈에 보이는 몸의 변화에 대해서는 어느 정도 터놓고 이야기를 나누기가 수월하지만, 야동이나 피임 등 수위가 다소 높은 이야기에 대해서는 그렇게 하기가 힘든 것이 현실이에요. 부모도 어릴 때 그런 이야기를 부모님과 터놓고 하지 않은 이유도 있고, 아직은 사회 통념상 그런 이야기를 금기시하는 것도 있어서 그렇지요. 괜히 그런 이야기를 가정에서 하려다가 집안 분위기가 어색해질 수도 있고, 때로는 이야기가 이상하게 흘러갈 수도 있고요. 웬만큼 준비되지 않는 이상 가정에서는 이야기하기가 어려워요. 그렇다고 아무것도 안 하기에는 마음이 놓이질 않아요. 그럴 때는 전문 성교육 기관에서 시행하는 교육의 도움을 받는 것도 좋은 방법이 됩니다.

초등 5학년에서 6학년 정도 되면 한 번쯤은 전문적인 성교육을 받는 것이 좋아요. 구성애의 '푸른 아우성' 등 전문 성교육 기관을 찾아보면 홈페이지에 자세히 일정이 나와 있어요. 보통 4~6명 정도 그룹을 지어 기관에 가서 성교육을 받는데, 아이도 부모도 만족도가 높아요. 비용과 시간이 들기는 하지만, 집에서 이야기하기가 어렵다면 기관의 도움을 받는 것도 괜찮은 선택이에요. 다음 리스트를 잘 참고해 적절히 도움을 받으면 좋겠습니다.

- **푸른 아우성** aoosung.com
- **와이미(WHYME)** whymebrand.com
- **각 지역의 청소년성문화센터**

아들에게 이성 친구가 생겼다면

6학년 교실. 이미 수업이 시작되었는데 민우와 소연이가 계속 시끄럽게 떠들어요. 그래서 그만 좀 떠들라고 했더니 옆에서 아이들이 말해요.

"선생님, 쟤네 둘 커플이에요."
"아~ 그래서 둘이 얘기했구나. 근데, 한 번만 더 떠들면 나 복도에 나가서 크게 얘기한다. 너희 둘이 사귄다고."
"아, 선생님. 그건 좀 아니잖아요……."

요즘에는 초등 4, 5학년만 되어도 이성 친구를 사귀는 아이들이 꽤 있어요. 2018년 한 기업에서 1만 546명의 초·중·고등학생을 대상으로 한 설문 조사에 따르면 70.7%의 학생이 처음으로 이성 교제를 시작한 시기가 초등학교라고 응답했다고 해요. 절반이 넘는 아이들이 초등학교 때부터 이성 친구를 사귀는 셈이지요.

'사귄다'라는 말이 주는 느낌. 같은 말이지만 부모와 아들이 느끼는 의미에는 분명한 온도 차가 있어요. 초등학생의 사귄다는 이야기는 솔직히 '그냥 사귄다'라는 느낌이 강해요. 다른 친구보다 친한 사이, 서로 사귀기로 약속한 사이, 서로 남자 친구와 여자 친구가 되기로 약속을 했다는 의미지요. 한마디로 말로만 사귀는 거예요. 그래서 부모님이 크게 걱정할 필요가 없어요. 아들이 누구랑 사귄다는 것을 말해주면 오히려 고맙게 생각해야 해요. 솔직하게 이야기하는 거니까요. 그런데 사귄다는 이유로 아들을 채근하거나 화를 내면 다음부터는 절대 말하지 않을 거예요. 그래서 아들이 "누구랑 사귀기로 했어요"라고 말한다면 그냥 손뼉 쳐주는 것 말고는 달리 뭐라고 해줄 말이 없지요.

가이드라인 지키게 해주기

민우 엄마는 『아들의 사춘기가 두려운 엄마들에게』를 읽고, 아들의 이성 교제에 대한 걱정을 내려놓았어요. '그래, 아이들이 사귀는 건 아무것도 아니야.' 그런데 그날 저녁을 먹으며 민우와 이야기를 하다가 깜짝 놀라고 말았어요. 민우가 여자 친구 집에 놀러 갔다는 거예요. 아무도 없는 빈집에 말이지요. 여자 친구와 함께 넷플릭스 영화를 보고 놀았다는데, 6학년 아이 둘만 집에 있었다고 하니 '혹시 무슨 일이 생기지는 않았을까?' 가슴이 두근두근거렸지요. 그러고 나서 책을 괜히 봤다고 생각했어요. '뭘 편안하게 마음먹어? 아무것도 아닌 게 아닌데…….'

자녀교육서를 보면 보편적인 이야기가 많이 나와요. '보통은 그렇다'라는 말을 아무래도 많이 하거든요. 하지만 우리가 접하는 자녀교육 현장에는 가끔이지만 특수한 사례가 등장하기도 해요. 그래서 보편적인 이야기를 알고 있어도 조금은 경계하는 마음을 가져야 해요. 아무리 편안하게 아들의 이성 교제를 바라보자고 해도 분명히 조심해야 할 것은 있거든요. 아들의 이성 교제를 너무 크게 느끼거나 탐탁지 않게 생각할 필요는 없지만, 어느 정도 가이드라인은 있어야 아들도 부모도 서로 편안한 마음의 유지가 가능해요.

• 가이드라인 ① 때와 장소에 따라 합리적인 판단하기

부모님이 외출한 빈집, 코인 노래방 등 아들이 이성 친구와 단둘이 있을 만한 장소는 피하도록 미리 이야기를 나누면서 조심하게 해주는 것이 좋아요. 당연히 아들도 어느 정도는 인식하고 있어요. 해도 되는 것, 하면 안 되는 것. 하지만 때와 장소에 따라서 그런 인식이 무너지게 될 수도 있지요. 그래서 가급적 아들이 이성 친구와 단둘이 있는 장소는 피하도록 평소에 충분히 이야기를 나눠보세요. 다만, 문제는 이런 이야기를 나눌 때 굉장히 껄끄러울 수 있다는 거예요.

"민우야, 친구들이 코노에 자주 가니?"
"가는 애들이 있긴 있어요."
"너도 가고 싶어?"
"좀 궁금하기는 해요."
"그래, 혹시 코노에 간다면 여자 친구랑 단둘이 들어가는 건 아닌 거 알지?"
"왜요?"
"코노에서 이런저런 일이 많이 일어나거든. 코노처럼 밀폐된 공간이나 어른들이 없는 빈집에서 단둘이 있는 것은 조심해야 해."
"엄마(아빠)가 너무 이상하게 생각하는 거 아녜요? 둘이 있을 수도 있는 거잖아요."

"왜 단둘이 있으면 안 돼요?", "뭘 조심해야 하는데요?" 아들은 이렇게 되묻기도 해요. 왜 단둘이 있으면 안 되는지, 대체 무엇을 조심해야 하는지 수긍이 되지 않아서요. 때로는 엄마 아빠가 너무 예민하다고 생각하기도 해요. 이성 교제라는 것이 아이들에게는 자연스러운 일인데, 어른들만 괜히 이상하게 생각한다고 느낄 수도 있거든요. 하지만 요즘에는 마치 모텔처럼 독립된 방이 있는 만화카페나 룸카페에서 청소년들의 성행위와 관련한 이슈가 생기기도 하기 때문에 스킨십 등 남녀가 교제할 때의 주의사항을 한 번쯤은 짚고 넘어가는 것이 좋아요. 그리고 단둘이 있는 그 자체가 문제가 아니라 그런 상황에서 서로를 존중해주는 일이 필요해요. 평소 이러한 주제로 대화를 나누면서 아들이 올바른 가치관을 정립해나가도록 도와주세요.

• 가이드라인 ② 스킨십에 대해 이야기하기

초등학생의 경우는 '사귄다'는 느낌이 강한 이성 교제지만, 중학생 이상부터는 아이들이 스킨십을 하는 경우가 많아요. 손을 잡고 다니는 건 예삿일이고, 학교에서도 스스럼없이 어깨동무하는 아이들이 보여요. 스킨십에 대해서 해야 한다, 말아야 한다의 특별한 기준은 없어요. 기준이 없기에 굉장히 모호하기도 하고요. 그래서 평소에 아들과 이야기를 나누면서 스킨십에 대한 기준을 함께 정립하는 것도 건강한 이성 교제에 도움이 돼요. 그런데 이야기를 하다 보면 종종 이런 경우가 발생해요.

"민우야, 여자 친구랑 손만 잡고 다녀. 길거리에서 막 뽀뽀하고 그러는 건 아니지?"

이런 식으로 말하면 어색한 대화가 되기에 십상이에요. 그래서 스킨십을 주제로 대화를 나눌 때는 오히려 다른 아이들의 이야기로 시작하는 것이 좋아요. 또는 동네를 지나다니다가 목격한 이야기로 대화를 시작하는 것도 좋고요.

"엄마(아빠)가 아까 집으로 돌아오는 길에 봤는데 말이야. 어떤 남자애랑 여자애가 서로 꼭 끌어안고 걷더라. 횡단 보도에 사람들이 많은데 뽀뽀도 하고 말이야."

이렇게 대화를 시작하면 아들도 자기 일이 아니기에 객관적인 시각에서 자신의 의견을 이야기하게 돼요. 마음속의 말도 더 솔직하게 하고요. 타인의 사례로 이야기를 시작하고 나서, 그렇다면 나의 경우에는 어떤 상황에서 어떻게 할지로 이야기를 전개해나가면 아들이 자기만의 기준을 세우는 데 도움이 돼요. 이와 같은 이야기를 아들과 부모가 터놓고 할 수 있다면 건강한 이성 교제가 가능해지지요.

• 가이드라인 ③ 상대방을 존중하기

이성 교제를 할 때 가장 중요한 것은 상대방에 대한 존중이에요. 당연히 존중은 이성 교제뿐만 아니라 사람이 사람을 대하는 가장 기본적인 태도지요. 그런데 이성 교제에서 특히 존중이 강조되는 이유는 이성 친구가 가장 편안한 상대이기 때문이에요. 서로 사귀게 된 초기 단계를 벗어나 익숙해지고 편안한 관계에 접어들면 상대방을 '막 대하게' 될 가능성이 높아지거든요.

건강한 이성 교제를 위해 아들이 존중의 태도를 갖추도록 해줘야 하는데, 이것은 사실 대화로만 되지는 않아요. 평소 몸에 배어 있어야 하지요. 어쩌면 타인에 대한 존중과 배려는 아들 인성 교육의 끝판왕이에요. 아들에게 존중의 마음을 가르쳐주기 위해 부모는 많이 고민해야 해요. 말로만이 아닌 살아 있는 교육을 아들에게 보여줄 때, 부모 스스로 먼저 아들을 존중할 때, 아들도 비로소 존중하는 마음과 행동을 내면화할 테니까요.

아들이 평생 모태솔로로 살기를 바라는 부모는 없을 거예요. 언제가 될지는 모르지만, 아들에게도 이성 친구가 생기는 날이 올 거예요. 아들의 이성 교제를 너무 심각하게 생각할 필요는 없어요. 지나치게 무관심하지도 말아야겠고요. 아들의 건강하고 행복한 이성 교제를 위해 부모가 개입의 적정선을 잘 찾아서 실천하면 좋겠습니다.

남혐과 여혐 사이, 서로 억울한 아이들

"아빠, 오늘 여자애들이랑 피구를 했는데, 남자는 왼손만 쓰라고 해서 정말 짜증 났어요."

"어? 왼손만 쓰라고 했다고?"

"네. 남자는 힘이 세니까 왼손만 쓰라고요. 지난번에 배구 할 때는 남자는 앉아서 하고 여자는 서서 했거든요. 그래서 남자가 졌어요. 진짜 짜증 나요."

초등 6학년인 승열이가 학교에서 돌아와서는 볼멘소리를 해요. 체육 시간에 피구를 했는데, 여자아이들은 그냥 하고 남자아이들에게만 핸디캡이 많았다고요. 어떻게 보면 남녀 간의 신체 능력에 차이가 있으니까 핸디캡이 공정하게 느껴지기도 해요. 함께 어울려 활동하기 위해서는 차이를 인정하고 서로를 배려하는 자세도 필요하니까요.

피구나 배구 등 체육 말고 다른 활동은 어떨까요? 모둠 활동을 할 때는 협업과 말하기 능력이 필수예요. 하지만 남자아이들의 경우 동갑인 여자아이들보다 협업과 의사소통 능력이 덜 갖춰진 경우가 종종 있어요. 그러다 보니 모둠 활동을 할 때 주도적인 역할을 하지 못해 소외되기도 하고, 마음씨 나쁜 여자아이는 그런 남자아이를 대놓고 무시하기도 해요. 사실 이러한 상황은 표면에 드러나지 않아요. 그래서 웬만큼 신경 쓰지 않고서는 파악하기 어려운 문제가 되곤 하지요.

억울한 남자아이들

큰 소리로 싸우는 남자아이의 행동은 확실히 눈에 띄는 경우가 많아요. 그래서 무언가 문제가 생기면 알아차리기 어렵지 않지요. 종종 남자아이와 여자아이가 함께 연루된 사안이 생기면 여간 조심스럽지가 않아요. 빈도가 높지는 않지만 어떤 여자아이들은 자기가 유리한 방향으로 사실을 왜곡하거나 없는 사실을 있는 것처럼 말하기도 하거든요. 영악한 남자아이들도 그런 경우가 있고요.

여자아이든 남자아이든 상대방을 고의로 괴롭히기 위해서 거짓말을 한다면 누군가가 억울하게 당하는 일이 생기기도 하지요.

어느 날, 소연이는 선생님에게 승열이가 자신의 가슴을 만졌다고 말했어요. 체육 시간에 피구를 하는데 승열이가 슬쩍 만지고선 모르는 척했다고 말이지요. 선생님은 화들짝 놀랐어요. 학교 폭력 중에서도 성 관련 사안은 해결하기가 이만저만 어려운 것이 아니라서요. 선생님은 소연이와도 상담하고, 승열이와도 상담했어요. 승열이에게 소연이의 가슴을 만졌냐고 물으니 자기는 절대로 그런 일이 없다고 펄펄 뛰었지요. 선생님은 난감했어요. 교내에 CCTV가 있는 것도 아니고 목격자 진술에 의존해서 사안을 처리해야 하는데 서로 주장이 엇갈리니까요.

담임 선생님 혼자선 해결할 수 없는 사안이라 학교 폭력 담당 선생님과 함께 여러 명의 목격자를 조사했어요. 여기서 중요한 것, 목격자도 각각 불러서 말하게 해야 해요. 한곳에서 진술하게 되면 서로 말을 맞출 수 있기 때문이에요. 즉, 진술이 오염되지 않으려면 가해자, 피해자, 목격자가 각각 분리된 상태에서 진술을 진행해야 하는 것이지요. 담임 선생님과 학교 폭력 담당 선생님은 소연이와 함께 있었던 친구들과 체육 시간에 승열이 주변에 있었던 친구들을 중심으로 각각 상담하고 진술을 받았는데, 다행히도 목격자들 사이에서 신빙성 있는 진술이 나왔어요. 진술을 종합해보니, 승열이는 소연이와 같은 편에서 피구를 하긴 했지만, 소연이를 만지지는 않았다고 해요. 선생님이 조용히 소연이를 불러서 목격한 친구들의 이야기를 들려주며 다시 한번 그 상황을 말해달라고 했더니, 그제야 실토를 해요. 사실은 승열이가 가슴을 만지지 않았는데 골탕을 먹이고 싶어서 그렇게 했다고요.

소연이는 학급에서 공부도 잘하고 친구들과 사이도 좋은 아이였어요. 그런데 승열이를 마음에 들지 않아 했지요. 다른 남자아이들은 자기가 말하면 수긍하는데, 승열이는 시큰둥해서요. 또 모둠활동을 했는데 승열이가 자기가 시키는 대로 하지 않고 자꾸 다른 방향으로 이야기를 하는 바람에 짜증이 났었어요. 평소 눈엣가시였던 승열이를 어떻게 하면 골탕 먹일까? 고민하다가 벌인 일이었지요. 다행히 그 일이 무위에 그쳐서 망정이지 하마터면 승열이는 커다란 곤경에 빠질 뻔했어요. 이렇게 가끔 학교 폭력 사안을 처리하다 보면 드라마에서나 나올 법한 일이 벌어지기도 합니다.

이런 일은 한 학교에서 1년에 한두 번 정도 일어날까 말까 한 일이지요. 그런가 하면 사소하게 일어나는 억울한 일은 꽤 많아요. 여자아이가 남자아이를 괴롭히는 일은요. 장난이라면서 남자아이의 등이나 뒤통수를 세게 때리는 여자아이. 남자아이 대 남자아이나 여자아이 대 여자아이의 일이라면 학교 폭력 사안으로 커질 만한데도 여자아이가 남자아이를 때리는 일은 대수롭지 않게 넘어가는 경우가 많거든요. 어른들도 '설마 여자아이가 때려봤자 얼마나 아프겠어?'라고 생각하고요. 학교에서 지켜보다 보면 때리는 일뿐만 아니라 여자아이가 후드티를 입은 남자아이를 뒤에서 잡아당기는 일, 학용품을 허락받지 않고 쓰는 일도 종종 일어나요. 그럴 때도 여자아이의 행동은 아무렇지 않게 지나가는 경우가 많지요. 이런 일이 생기면 남자아이와 여자아이를 동일 선상에 두고 서로 사과할 일은 사과하고 마음을 돌봐주는 것이 중요해요. 앙금이 남으면 속상하니까요.

억울한 여자아이들

남자아이 대 여자아이의 구도로 보면 여자아이도 억울한 건 마찬가지예요. 간혹 남자아이가 여자아이를 감정적으로 건드릴 때가 있어요. "너 민우 좋아하지?", "승열이가 너 좋아한다는데?"라는 말을 공개적으로 하면서 기분을 나쁘게 만들거나, 여자아이가 좋아하는 연예인을 비하하면서 짜증을 유발하기도 하지요. 가장 고전적으로는 여자아이를 때리고 도망가는 남자아이가 있고요. 이처럼 남자아이에 의한 사례도 하나하나 열거하자면 끝이 없어요. 그만큼 여자아이도 남자아이 때문에 속상한 일을 겪지요. 이 책이 만약 딸 부모님을 위한 책이었다면 여자아이의 사례도 자세히 설명했겠지만, 일단은 아들 부모님을 위한 책이라 그렇게 하지는 않았어요. 하지만 이것만큼은 분명히 알아두세요. 아들이 억울한 만큼이나 딸도 억울한 일을 당할 수 있다는 사실을요.

'남자 대 여자'가 아닌 '사람 대 사람'으로

이대남과 이대녀의 갈등. 요즘 언론의 사회면에서 종종 마주치는 기사 주제예요. 여자는 남자를 잠재적인 성범죄자로 보기도 하고, 남자는 여자를 억울함만 남은 피해 의식에 물든 집단으로 보기도 해요. 서로 겪었던 일만 가지고서 남자는 여자에게, 여자는 남자에게 선입견이 생기게 된 것이지요. 선입견이 생기기까지 그 과정은 참 길고도 지난했을 거예요. 단번에 해소되기에는 너무 골이 깊은 감정으로 인해 남자와 여자가 서로 대립하면서 개인적인 거리낌을 가지게 된 요즘 사회. 이런 환경에 살면서 부모가 아들에게 다른 성에 대한 혐오를 줄이거나 더 나아가 없애려면 어떻게 해야 할까요?

아들에게 일어나는 일들, 특히 여자아이와 관계된 억울한 일에 대해서 부모는 아들에게 어떤 말과 생각을 전해줘야 할까요? 우선 "여자애들은 이상해"라며 집단 전체를 일반화하는 일은 피해야 해요.

"걔가 이상한 거야. 여자라서 이상한 게 아니라 그냥 걔가 나쁜 거야."

자라 보고 놀란 가슴 솥뚜껑 보고 놀란다는 말이 있어요. 한번 트라우마가 생기면 쉽게 극복하기가 힘들다는 뜻이지요. 아들이 여자아이와 얽혀서 행여 피해를 보는 일이 생길 수도 있지만, 사람 사는 일은 한 번의 일로 일반화하는 것이 아니라 경우에 따라 다르다는 사실을 알려줘야 해요.

아들과 대화할 때 "다 그런 건 아니야. 세상에는 좋은 여자아이가 훨씬 많아"와 같은 말로 서두를 열어보세요. 하나의 사례로 전체를 똑같이 취급하는 것은 아들에게도 좋지 않아요. 세상에는 나쁜 사람도 있고 좋은 사람도 있기 때문이지요. 몇몇 안 좋은 경험으로 인해 좋은 사람들까지 똑같이 선입견으로 바라보게 된다면 아들의 마음은 힘들 수밖에 없어요. 나쁜 일을 만났다면, 나쁜 여자아이를 만났다면 그 일만, 그 아이만 나쁘다고 생각할 수 있도록 도와줘야 해요. 남자와 여자라는 집단 말고도 요즘 우리 사회는 여러 집단에 대한 편견이 만연해요. 집단에 대한 편견을 줄이기 위해서 개인의 일은 개인에게 돌리는 지혜가 필요한 때입니다.

가정에서 시작하는 성 역할 학습

"자, 분리수거하러 가자."

"왜요? 그냥 좀 쉬면 안 돼요?"

"그럼 쓰레기는 누가 버려? 엄마 아빠만 청소하고 정리해야 해?"

"아니, 그게 아니라… 좀 쉬고 싶단 말이에요."

주말에 분리수거를 하자고 하니 중학교 2학년인 승열이는 짜증을 내요. 매일 청소를 시키는 것도 아니고, 빨래를 시키는 것도 아니고, 설거지를 시키는 것도 아니에요. 그저 주말에 분리수거 하나 하라고 하는 건데도 승열이는 짜증을 내요.

아들에게 집안일을 꼭 가르쳐야 하는 이유

사춘기 아들에게 가르쳐야 하는 가장 기본적인 일은 집안일이에요. 나중에 아들이 커서 독립했을 때 삶을 유지하는 데 꼭 필요한 것이 집안일이기 때문이지요. 생각해보세요. 아들이 커서 독립해서 혼자 살아요. 그런데 밥도 못 하고, 빨래도 못 하고, 설거지도 못 해요. 그래서 후줄근한 상태로 출근하는 모습을 상상해보세요. 잔뜩 구겨진 바지, 여기저기 얼룩진 셔츠, 냄새나는 양말… 생각만 해도 아찔하지요? 더군다나 요즘은 1인 가구가 늘어나고 있어요. 혼자 사는 아들이 밥을 못 해서 매일 편의점 도시락으로만 연명하는 모습을 떠올려보세요. 밥을 못 하는 아들의 모습도 아찔하기는 마찬가지예요. 물론 편의점 도시락이 나쁜 것은 아니지만, 신선한 재료로 맛있게 요리해서 밥을 먹을 수 있는 능력은 삶의 질을 높여주지요. 인생도 풍요로워지고요.

아들에게 집안일을 가르치려면 성장 과정에서 자연스럽게 받아들이도록 하는 것이 관건이에요. 매일 집에서 요리하고 빨래하지는 않더라도 최소한 밥을 차릴 때 수저와 반찬을 놓는 일이라도 함께하도록 해주면 좋아요. 설거지도 자기 그릇 정도는 씻을 수 있도록, 그래서 '내가 먹은 것은 내가 치운다'라는 마음이 자리 잡을 수 있도록 해준다면 아들은 자연스럽게 집안일을 자기 일로 받아들일 거예요. 또 자신과 똑같은 성별을 가진 아빠의 모습도 아들에게는 무척 중요해요. 부엌에서 맛있는 음식을 요리하며 뿌듯해하는 아빠의 뒷모습을 보면서 아들은 집안일은 즐겁고 숭고하다는 사실을 배우거든요.

성 역할은 고정되어 있지 않다

성 역할은 성에 따라 기대되는 역할을 말해요. 여자는 집 안에서 집안일하고, 남자는 집 밖에서 돈을 버는, 다시 말해 전형적으로 남자와 여자가 할 일을 나누는 것은 고리타분한 일이에요. 오래전 가부장제 사회에서는 이 말이 통용되던 때가 있었어요. 하지만 요즘은 그렇지 않아요. 맞벌이 가정도 많고, 엄마가 일하고 아빠가 집안일을 하는 가정도 있으니까요. 이처럼 성 역할은 사회와 시대에 따라 달라져요. 가정에서의 성 역할을 한번 볼까요? 가령 아빠는 요리하고 엄마는 빨래하는 등 서로의 역할 분담이 고정적일까요? 가정마다 방식은 다르겠지만, 이제는 남자라서 혹은 여자라서 무엇을 해야 한다는 고정적인 역할에 대한 개념은 사라진 듯해요.

학자들에 의하면 아이는 가정에서 부모를 모델링하면서 성 역할을 강화하게 된다고 해요. 엄마가 하는 일, 아빠가 하는 일이 구분되어 있을수록 아이는 '이것은 남자 일', '저것은 여자 일'이라는 인식을 강하게 가지지요. 그런데 앞서 언급했듯이 요즘 사회는 성 역할을 크게 구분하지 않아요. 그래서 성 역할이 고정된 가정에서 자란 아들은 나중에 성 역할이 유연한 사회에 나가서 괴리감을 느낄 수 있어요.

사회는 변화하고 있고, 우리 사회는 점점 더 평등하고 유연한 분위기로 나아가고 있어요. 아들이 이런 사회에서 자연스럽게 살아가려면 가정에서부터 유연하게 모델링하도록 분위기를 만들어줘야 해요. 그러려면 부모가 서로의 역할을 나누지 말고 함께 협동하는 모습을 보여주는 것이 좋아요. 집안일을 구분해서 하는 사람만 하는 것이 아니라, 서로 배려하며 가사를 분담하려는 노력을 아들에게 보여주는 것만큼 좋은 교육은 없을 거예요. '남자라서, 여자라서'라는 이중적인 잣대에서 벗어나 서로 인정하고 화합할 수 있는 사회. 하나의 구성원으로서 좀 더 유연한 아들이 되도록 부모가 가정에서부터 좋은 모습을 보여주면 좋겠습니다.

05

게임과 스마트폰

게임과 스마트폰은 사춘기 아들 부모에게 가장 큰 장애물이에요. "게임 좀 그만 해!", "스마트폰 좀 그만 봐!" 이런 말로 거의 매일매일을 실랑이할 수밖에 없으니까요. 요즘 아이들이 손에 꼭 쥐고 있는 스마트폰, 그 작은 기계 하나로 많은 일을 할 수 있어요. 게임도, 검색도, 음악 감상도, 영상 시청도, 웹툰 보기도, 친구들과 SNS로 소통하는 일도… 스마트폰 하나만 있으면 아들은 24시간이 모자랄 거예요.

물론 장점이 많은 스마트폰이지만, 자칫 잘못 쓰다간 아들의 시간을 잡아먹는 괴물이 될 수도 있어요. 스마트폰의 가장 큰 문제는 아들이 스스로 사용 시간을 관리하기가 쉽지 않다는 거예요. 게임이나 영상 등 유혹이 너무 크기 때문에 자기도 모르게 넘어갈 수밖에 없는 상황이 발생하지요. 이럴 때는 부모가 어느 정도 가이드라인을 정해주면 좋아요. 아들의 저항에 부딪혀서 쉽지는 않겠지만, 확실한 가이드라인을 정해 아들이 스마트폰에 너무 많은 시간을 빼앗기지 않도록 통제하는 일은 꼭 필요합니다.

“스마트폰, 언제 사줘야 할까”

중학교 입학을 앞두고 민우 엄마는 걱정이에요. 초등학교 때까지는 스마트폰 없이 잘 버텼는데, 참을 만큼 참았다고 생각한 민우가 하루가 멀다고 스마트폰을 사달라고 조르거든요. 자기만 빼고 친구들은 다 있는데 어떻게 그럴 수가 있냐면서요. 그렇게 조르다가 밥을 먹을 때면 엄마만 들을 수 있게끔 조용하게 혼잣말을 하기도 해요.

“아, 나도 친구들이랑 카톡하고 싶다. 친구들은 다 카톡으로 얘기하는데…….”

민우 엄마는 이런 아들을 보면서 고민이 돼요. 친구들과의 연락을 위해 스마트폰을 사줘야 할지, 아니면 역기능이 많기에 사주지 않는 것으로 뚝심 있게 밀고 나가야 할지를요. 동네 엄마들에게 물어봐도 제각기 의견이 달라요. 어떤 엄마는 "그냥 무조건 공신폰(전화와 문자만 되는 핸드폰)이야!"라고 말하고, 또 다른 엄마는 "그래도 중학교 가면 필요해. 학교에서 연락을 카톡이나 스마트폰 앱으로 하거든"이라고 말하지요. 각각 가정마다 처한 상황이 다르기에 민우 엄마는 섣불리 결정하기가 힘들어요. 어떤 하나의 방법이 다른 아이에게는 정답일 수 있어도 내 아이에게는 오답일 수도 있기 때문이지요.

아들에게 스마트폰을 사줘야 하는 이유

우리가 선택의 갈림길에 섰을 때 생각해야 하는 것이 있어요. 그 선택으로 인해 얻게 되는 효용과 그에 따른 부작용은 무엇인가? 한마디로 장단점을 잘 살펴봐야 해요. 스마트폰도 똑같아요. 아들에게 스마트폰을 사줌으로써 얻게 되는 것과 나쁜 영향을 미칠 수 있는 점을 세심하게 살펴본 후에 선택해야 하지요. 먼저 사춘기 아들에게 스마트폰을 사줘야 하는 이유를 알아볼게요.

• **학교에서의 필요성**

친구들과의 연락도 연락이지만, 학교에서 스마트폰을 이용해서 하는 활동이 많다는 것이 가장 큰 문제예요. 학교에서 공지사항을 알릴 때도 카톡과 같은 SNS를 통해서 하고, 반 친구들과의 모둠 활동도 SNS에서 이뤄지거든요. 카톡을 주로 쓰고 문자 메시지를 쓰는 아이들이 드물다 보니 스마트폰이 없는 아이들은 소외감을 느낄 수밖에 없어요. 게다가 중학교에서는 진로나 창체 과목의 신청을 인터넷을 통해서 하는데, 선착순으로 마감되는 것들이 있어요. 친구들은 스마트폰을 켜고 바로 신청하는데, 스마트폰이 없는 아이들은 부모님에게 연락해서 대신해달라고 부탁을 하기도 해요. 문제는 부모님이 바로 연락을 받아서 해주면 좋은데, 그렇지 못할 경우가 많다는 것이지요. 부모님이 아이의 전화를 바로 받지 못하는 상황일 수도 있거든요. 그럴 때 아들은 낭패를 봐요. 스마트폰이 없는 상황을 원망하면서 답답함을 느끼기도 하고요.

• **너무 늦게 사줄수록 역효과가 커질 가능성**

부모가 아들에게 스마트폰을 사주기가 꺼려지는 이유는 손에서 스마트폰을 놓지 않기 때문이에요. 스마트폰으로는 뭐든지 할 수 있어요. 솔직히 어른도 스마트폰 하나만 손에 쥐면 한두 시간을 보내는 일은 별것도 아니지요. 예전에는 TV를 가리켜 바보상자라고 불렀지만, 요즘은 스마트폰이 바보상자예요. 생각 없이 소일할 수 있는 활동이 너무나 많거든요. 게임, 인터넷 서핑, 영화 및 드라마 감상, 카톡 등 스마트폰의 세계는 무궁무진해요.

중학교 때까지 스마트폰 없이 버티고 또 버티다가 고등학생이 되어 스마트폰을 사주기도 해요. 고등학생이야말로 스마트폰이 필요한 때가 많거든요. 친구들과의 연락, 학교 공지사항 열람, 수업 선택 등 수많은 일이 스마트폰으로 이뤄지지요.

고등학교 때 처음으로 스마트폰을 접한 아들은 신세계를 마주해요. 인터넷, 게임 등 하고 싶은 건 뭐든지 다 할 수 있는 스마트폰. 이제 모든 시간을 스마트폰에 할애해도 시간이 모자라요. 한마디로 눈이 돌아가는 것이지요. 그동안 공부에만 썼던 신경을 스마트폰에 쓰게 될 수도 있어요. 부모로서는 답답한 노릇이지요. 정말 잘 버텼는데, 오히려 역효과가 크게 났으니 말이에요.

• 사주지 않음으로써 부모와의 관계가 나빠질 가능성

"너무 불편해요. 친구들과 연락도 잘 안 되고요. 후유…"

스마트폰 없는 아이들이 부모에게 자주 토로하는 원망이에요. 초등학교 때까지야 어느 정도 말로 하면 아들이 수긍하지만, 중학교 이후부터는 불만의 수위가 높아져요. "친구들은 다 있는데, 나만 없어!"라는 불평은 자칫 아들과 부모의 관계를 나쁘게 만드는 요인이 될 수 있어요. 부모가 자신을 사랑해서 통제하는 것이 아닌, 그냥 괴롭힌다고 생각하는 것이지요. 더군다나 또래 집단에 속한 아이들 대부분이 스마트폰을 가진 상황인 데다 학교생활에서 편리하게 쓰고 있기에 아들에게 억울함이 누적될 가능성을 배제하기가 힘들어요.

스마트폰 사주기를 꺼리는 이유

사춘기 아들에게 스마트폰을 사줘야 하는 여러 가지 이유가 있음에도 불구하고 부모가 꺼리는 이유는 무엇일까요? 아무래도 스마트폰으로 인해 유발되는 부작용이 많기 때문일 거예요. 스마트폰으로 할 수 있는 무한한 일들, 그에 따라 순기능보다 역기능이 많은 현실, SNS에서 일어나는 많은 일들… 컴퓨터는 거실에 두면 되지만 스마트폰은 방에 가지고 들어가면 아무런 통제 없이 아들 마음대로 무엇이든 할 수 있어요. 게다가 사춘기 아들은 공부만 하기에도 시간이 부족한데, 스마트폰을 하느라 시간을 더 죽이기도 하지요. 이처럼 여러 가지 이유로 부모는 아들에게 스마트폰 사주기를 꺼려요.

스마트폰은 여러 가지 상황이 얽혀 있어요. 그래서 각각의 상황을 고려하고, 아들과 많은 이야기를 나눈 다음에 살지 조금 더 기다릴지 선택하는 것이 중요해요. 정답은 없지만, 고민이 많을수록 오답을 피해 갈 가능성은 커지니까요.

스마트폰 사용에도 규칙이 필요하다

아들에게 스마트폰을 사주는 시기는 가정마다 달라요. 누군가는 초등 저학년 때부터, 또 다른 누군가는 고등학생이 되어서야 사주니까요. 이처럼 스마트폰을 사주는 시기는 다르지만, 학창 시절에 스마트폰 사용을 아들에게만 맡겨두면 부작용의 발생을 막기가 어려워요. 어른도 쉽게 스마트폰에 중독되는데, 아이는 얼마나 더 심할까요.

스마트폰을 사주고 나서 아들에게 모든 것을 맡겨놓으면 자칫 낭패를 볼 수도 있어요. 하루 종일 아들의 손에서 떠날 줄 모르는 스마트폰. 부모는 아들에게 그만하라고 소리를 지르고, 아들은 왜 자꾸 간섭하냐고 소리를 지르는 경우가 생기거든요. 판소리를 하는 것도 아닌데, 가족 모두가 득음하게 될지도 몰라요. 이런 경우를 방지하기 위해 애초에 스마트폰을 사줄 때부터 사전에 아들과 충분히 이야기를 나눈 다음에 스마트폰 이용에 관한 서로 합의된 규칙을 만들어놓는 것이 좋아요. 그런데 아들이 왜 스마트폰을 쓰는 데 그런 규칙이 필요하냐고 물어볼 수도 있어요. 그럴 때는 다음과 같이 대화를 해보세요.

아빠: 민우야, 중학교 때부터는 학교에서 스마트폰으로 연락하는 게 많대. 그래서 네 소원대로 스마트폰을 사주려고 해.

민우: 우아, 진짜요? 고마워요, 아빠.

아빠: 좋지? 그런데 스마트폰을 사기 전에 아빠랑 하나 약속할 게 있어. 스마트폰을 사면 네 마음대로 쓰는 게 아니라, 사용 시간 등 우리가 함께 정해야 할 규칙이 좀 있어.

민우: 그런 게 어딨어요? 제 스마트폰이잖아요. 제 건데 왜 제 마음대로 못 써요? 이건 말이 안 돼요.

아빠: 그래. 네 생각에는 그럴 수도 있지. 그런데 잘 생각해봐. 우리 집 냉장고에 맥주가 있잖아. 아빠가 아침에 출근하기 전에도 맥주를 마시고, 점심에도 맥주를 마시고, 냉장고에 맥주가 있다고 마음대로 아무 때나 막 마시고 그러니?

민우: 아뇨.

아빠: 그치? 만약에 아빠가 아무 때나 혹은 종일 맥주를 마시면 알코

올 중독인 거야. 스마트폰도 마찬가지야. 스마트폰도 함부로 마구 쓰면 중독될 수 있거든. 그러니까 우리는 스마트폰을 '스마트'하게 쓸 수 있도록 함께 고민해야 해.

민우: 치~ 알았어요.

물론 앞선 예시처럼 대화가 순조롭게 흘러가지 않을 수도 있어요. 아들이 "왜 꼭 그래야만 하는데요? 저도 제 스마트폰을 제 마음대로 쓸 권리가 있어요!" 하면서 화를 낼 수도 있거든요. 사춘기 아들과의 대화는 생각만큼 녹록지 않아요. 그래서 대화의 타이밍을 제대로 잡는 것이 중요하지요. 평화로운 주말, 맛있게 점심을 먹고 나서 후식으로 아이스크림까지 하나 먹어준 다음, 배부르고 편안한 상태에서 이야기를 꺼낸다면 의도한 방향으로 조금 더 순조롭게 대화가 흘러갈 수도 있어요.

이제 아들과의 대화가 잘되었다는 가정하에 서로 정해야 할 것이 몇 가지 있어요. 스마트폰 사용 시간, 개인 정보와 관련해 지켜야 할 것, 그리고 언제든 부모가 점검할 수도 있다는 사실 등이지요. 다음의 '스마트폰 사용 원칙'을 아들과 규칙을 만드는 데 참고해보세요.

스마트폰 사용 원칙(예시)

1. 스마트폰 사용 시간 정하기
- 스마트폰을 방에서 사용하지 않고, 거실이나 주방 등 공용 공간에서 사용하기

2. 개인 정보 관련해서 지켜야 할 수칙 숙지하기
- 페이스북이나 인스타그램 등 SNS는 되도록 사용하지 않기
- SNS를 사용하더라도 개인 정보가 노출될 수 있는 내용은 게시하지 않기

3. 자신의 스마트폰이지만 부모가 점검할 수 있음에 동의하기
- 내 아이 안심 지킴이 등 자녀 스마트폰 관련 앱 다운로드하기
- 야동이나 성인 사이트에 접속할 수 없도록 보안 앱 다운로드하기
- 성인이 되기 전까지는 메시지나 카톡 등을 부모가 확인할 수 있음에 서로 동의하기

4. 게임이나 웹툰 등은 거실이나 주방 등 공용 공간에서 보기

5. 영화나 동영상은 연령에 맞는 것만 시청하기

6. 아들과 이야기를 나눈 다음, 스마트폰 사용 동의서 써보기

다른 것들도 그렇지만 스마트폰 사용은 더더욱 부모가 본을 보이는 것이 중요해요. 부모가 손에서 스마트폰을 놓지 않는데, 아이

만 닦달한다면 사춘기 아들은 그런 상황을 이해하기 힘들어하거든요. 바로 이 지점, 어른인 부모도 스마트폰을 현명하게 사용하기 어렵다는 점부터 직면해야 해요. 그래서 부모부터 스마트폰을 제대로 사용하면서 아들이 올바로 사용할 수 있게 지도하면 좋겠어요. 아들과 충분히 대화를 나누고, 규칙도 만들고, 다음과 같은 동의서도 한번 써보면서 스마트폰을 어떻게 사용할지 구체적으로 계획해보세요.

스마트폰 사용 동의서(예시)

1. 나는 스마트폰 사용 규칙을 지킬 것을 약속합니다.

2. 스마트폰 사용 시간을 준수하겠으며, 귀가 후 30분 안에 지정된 장소(거실 탁자 위)에 놓아두겠습니다.

3. 부모님이 확인을 원하시면 스마트폰을 공개하겠으며, 패턴과 PIN 번호를 알려드리도록 하겠습니다.

4. 스마트폰을 이용하며 SNS의 사용을 최대한 줄이겠으며, 이상한 문자나 전화, SNS의 DM 등이 오면 부모님께 알리도록 하겠습니다.

5. 개인 정보의 보호를 위해 항상 주의하겠으며, 개인 정보가 노출될 수 있는

내용은 전화나 문자, SNS 등을 통해 알리지 않겠습니다.

6. 보행 중에는 스마트폰을 사용하지 않겠습니다.

7. 게임 앱을 포함한 불필요한 앱을 내려받지 않겠습니다.

8. 학교 폭력에 연루되지 않도록 단체 채팅방 이용에도 주의하겠습니다.

위 내용에 대해 부모님과 충분히 이야기를 나누었으며, 동의한 내용을 어길 시 부모님께서 스마트폰을 회수하셔도 이의를 제기하지 않겠습니다.

20□□년 □월 □일

자녀 서명 : (인)

부모 서명 : (인)

사실 앞에서 예시로 제시한 스마트폰 사용 원칙과 사용 동의서를 그대로 실천하기는 어려울 거예요. 아들이 고분고분 수긍하지는 않거든요. 예시의 항목을 잘 참고해서 아들과 스마트폰 사용에 대해 이야기해보세요.

게임, 피할 수 없다면 건강하게 즐긴다

민우가 중학교 1학년 때 아빠가 지방으로 전근하게 되었어요. 아빠가 언제 다시 전근할지도 모르고, 민우도 중학생이라 전학을 하기가 애매해서 아빠만 혼자 지방에 가서 일하고 주말에만 집에 오기로 했지요. 아빠는 힘든 상황이었지만 사춘기에 접어든 아들과 꼭 함께 시간을 보내고 싶었어요. 아쉬운 마음에 주말마다 민우가 좋아하는 게임을 같이 했지요. 동네 PC방에 가서 롤플레잉 게임을 했어요. 아들에게도 아빠에게도 행복한 시간이었지요. 그런데 민우가 어느 순간부터 주중에도 PC방에 들렀다 오고는 했어요. 아빠와 함께하던 시간이 그리워서였을까요? 아니면 게임이 재미있어서였을까요? 공부는 뒷전, 게임이 최고. 민우는 어느덧 게임에 푹 빠져서 중학교 시절을 보냈어요.

그러던 어느 날, 아빠가 다시 지방에서 집 근처로 발령이 났어요. 이제는 함께 게임을 할 필요가 없었지요. 집에서 함께 시간을 보낼 수 있었으니까요. 하지만 이후에도 계속 민우는 주말마다 PC방으로 향했어요. 그 모습을 본 민우 아빠는 크게 후회했지요. '게임을 괜히 시작했다…….' 가짜면 좋겠지만, 실제 이야기예요. 안타깝지요. '게임에 문외한이었던 민우를 그냥 뒀다면 좋았을 텐데… 게임 말고 차라리 운동 등 다른 활동을 함께했다면 좋았을 텐데……' 하는 아쉬움… 사춘기 아들의 부모라면 민우 아빠의 이야기를 반면교사로 삼아 게임에 대해서 한 번쯤은 진지하게 고민해봐야 해요.

아들이 게임을 좋아하는 이유

아들이 게임을 좋아하는 이유는 무엇일까요? 재미있기 때문이에요. 남자아이들은 게임을 하며 성취감을 느껴요. 재미있으면서 동시에 어렵기도 한 게임을 하며 미션을 완수하고 캐릭터의 레벨을 업그레이드시킬 때 아들의 뇌 속에서는 도파민이 분비돼요. 도파민은 성취감에 대한 보상인 동시에 쾌감을 느끼게 하는 신경 전달 물질이에요. 게임을 할 때 느끼는 강렬한 경험 때문에 아들은 한번 게임의 세계에 빠져들면 쉽게 헤어 나오기가 힘들어요. "그럼, 게임을 못 하게 하면 되죠!" 이렇게 이야기할 수도 있겠지요.

그런데 아들의 세계를 잘 들여다보면 볼수록 게임을 안 할 수가 없는 환경이에요. 일단 하나씩 다 들고 있는 스마트폰. 방과 후, 학교를 둘러보면 어딘가 앉을 수 있는 곳에 남자아이들이 삼삼오오 모여서 스마트폰으로 롤플레잉 게임을 하고 있어요. 아무리 게임을 하지 말라고 해도 부모의 눈을 피해 얼마든지 게임을 즐길 수 있는 현실 속에 아들은 살고 있어요. 게임을 멀리하고 싶어도 멀리할 수 없는 게 요즘 아들이 겪는 문제예요. 그래서 게임을 아예 안 하게 할 수는 없지만, 어느 정도 덜하게 하는 방법을 찾으려고 노력해야 해요. 그래야 어느 정도 게임에 내성을 가지고 사춘기를 보낼 수 있거든요.

게임을 건강하게 하는 방법

• 온라인 게임보다는 콘솔 게임

온라인 게임, 그중에서도 특히 롤플레잉 게임을 아들이 좋아하는 이유는 계속 업그레이드되는 느낌이 들어서예요. 레벨이 올라가고 아이템을 모으고 또 모은 아이템으로 레벨이 더 올라가요. 심지어는 아이템을 팔아서 돈을 벌 수도 있지요. 또 돈이 있다면 현질을 할 수도 있고요. 현질은 게임 내의 돈이 아닌 실제 돈으로 아이템을 사는 행위를 말해요. 아들은 아이템을 사서 캐릭터를 강화할 수가 있어요. 그러면 게임을 하기가 훨씬 수월해지고, 우월하다는 느낌도 함께 가질 수 있지요. 현실에서는 존재감이 없지만, 게임 속에서는 막강한 영웅이 되거든요. 게임에 빠져들 수밖에 없는 강력한 이유예요.

하지만 콘솔 게임은 달라요. 닌텐도와 같은 단발성 아케이드 게임은 레벨 업이 없어요. 아이템도 없고요. 그냥 한 번 하면 거기서 끝. 재미는 있지만 완벽하게 빠져들지는 않지요. 그래서 아들이 게임을 하고 싶다고 하면 컴퓨터로 연결하는 온라인 게임보다는 게임기와 TV로 즐기는 콘솔 게임을 하게 해주는 것이 조금이라도 게임 중독을 예방하는 방법이에요.

• 스마트폰에 게임 앱 깔지 않기

스마트폰에 게임 앱을 내려받는 순간, 아들은 게임과 한 몸이 될 가능성이 커져요. 학교에서, 학원에서, 엘리베이터에서, 어디서든 스마트폰을 하는 아이들을 보면 대부분 게임을 하고 있어요. 솔직히 아들에게 스마트폰이 아니라 공신폰만 줘도 이것저것 조작하면서 어떻게든 시간을 보낼 텐데, 스마트폰에 게임 앱을 깔았다? 그건 부모에게 재앙과도 다름없어요. 그래서 처음 스마트폰을 사줄 때부터 약속을 단단히 해야 해요. 게임을 깔면 안 되는 이유, 스마트폰이 있다고 해서 꼭 게임을 해야 하는 건 아니라는 사실 등을 이야기 나눈 후에 스마트폰을 사줘야 게임 앱을 까는 일을 그나마 막을 수 있어요. 물론 막고 싶다고 해서 막을 수 있는 건 아니에요. 그래도 아들에게 단단이 일러둬야 최소한 조심을 할 확률이 커지기 때문에 미리 게임 앱을 깔지 않기로 약속하고 스마트폰을 사주는 것이 좋아요.

• 게임 시간 규칙 세우기

"선생님, 게임 시간은 어느 정도 허용해줘야 하나요? 하루에 1시간이면 괜찮을까요?"

게임을 주제로 이야기를 나눌 때 학부모님이 가장 많이 하는 질문이에요. 게임 시간을 하루에 1시간을 주면 아들의 공부에 지장이 많아요. 물론, 이미 하루에 1시간 이상 게임에 투자하는 아이들도 있겠지만, 초등 고학년 이후부터는 학습에 많은 시간을 투자해야 하기에 하루 1시간도 대단히 많은 시간이라는 사실을 알아두세요. 아들도 사람인지라 1시간을 하면 2시간을 하고 싶고, 2시간을 하면 3시간을 하고 싶어 해요. 욕구에는 끝이 없지요. 게임은 평일에는 하지 않도록, 주말에는 1시간 30분에서 2시간 정도 하도록 규칙을 세우는 것이 좋아요. 주말에는 아무래도 시간적인 여유가 있으니까요. 그렇지만 아무리 주말이라도 너무 많은 시간을 게임에 할애하면 아들에게 좋지 않으니 되도록 시간을 절충하세요.

• 공부에서 성취감 느끼도록 도와주기

아들이 게임을 좋아하는 근본적인 이유는 성취감에 있어요. 게임에서 얻는 성취감을 공부처럼 자신이 해야 할 과업에서 느낄 수 있다면 아들이 게임에 과몰입하는 일은 줄어들 거예요. 사실 게임이 아니더라도 이미 현실에서 충분히 성취감을 느낄 수 있기 때문이지요. 그래서 아들이 게임을 덜하게 하려면 무엇보다 학교 공부를 잘 따라가도록 도와주는 것이 중요해요. 그 방법의 하나로 아들이 공부할 때 바로바로 피드백을 해주세요. 긴 시간 집중하기가 힘들다면 몇 문제 혹은 한 페이지에 한 번씩 채점하면서 정답을 확인하고, 어깨를 토닥이면서 피드백 주기를 짧게 해주고요. 그러면 뇌에서 도파민이 분비되어 만족감을 느끼게 될 거예요. 또 한 가지, 학원처럼 공부하는 아이들이 모인 곳에서 공부하는 분위기에 휩쓸리게 하는 것도 좋은 방법이에요. 공부하는 분위기에 있으면 자연스럽게 그 분위기에 동화되기 마련이거든요. 이처럼 게임이 아니라 공부라는 미션에서 만족하는 느낌이 든다면 아들은 누구보다 건강하게 게임 생활을 즐길 수 있을 거예요.

폰 관리와 톡 관리 모두 확실하게

"민우야, 너 어제 다른 반 친구한테 욕하는 문자 보냈다면서?"

"네? 제가요? 안 그랬어요."

"네가 안 그랬다고? 그런데 그 친구 폰에는 너한테 문자가 와 있던데……."

"선생님, 저 진짜 안 그랬어요. 제가 왜 욕하는 문자를 보내요?"

민우는 정말 억울했어요. 자기가 보내지도 않은 문자가 다른 반 친구한테 갔다고 하니까요. 절대로 그런 문자를 보낸 적이 없는데, 왜 그 친구는 문자를 받고 학교 폭력 신고를 했는지 알 수가 없었지요. 더 당황스러웠던 것은 선생님과 상담하면서 핸드폰을 확인해보니 진짜로 문자를 보낸 거예요. 도대체 어떻게 된 일일까요?

알고 보니 민우가 보낸 문자는 아니었어요. 사실 민우가 화장실을 간 사이에 다른 아이가 민우의 핸드폰으로 문자를 보낸 것이었지요. 자기 핸드폰도 아니겠다, 평소에 사이가 좋지 않았던 친구 번호를 누르고 마음대로 욕하고 한바탕 난리가 났었나 봐요. 안타깝게도 민우만 중간에서 굉장히 난처해졌어요. 다행히 어떻게 된 일인지 자초지종이 확인되었으니 망정이지 만약 그러지 않았다면 민우만 억울하게 가해자가 되었을 거예요.

핸드폰 잘 간수하기

스마트폰이든 공신폰이든 아들에게 핸드폰을 사주게 된다면 간수를 잘하도록 반드시 지도해주세요. 앞서 등장한 민우처럼 억울한 일을 당하지 않으려면요. 학교 폭력 사안을 처리하다 보면 민우와 비슷한 일을 겪는 아이들이 종종 있어요. 자기 핸드폰을 제대로 지키지 못해서요. 또 하나 더, 핸드폰을 아무한테나 빌려주는 일도 삼가도록 지도해주세요. 전화 한 통 정도야 빌려줘도 괜찮겠지만, 빌린 핸드폰으로 못된 장난을 치는 아이도 꽤 있거든요. 그리고 그런 장난의 책임은 장난을 친 사람이 아니라 핸드폰 주인이 지는 경우가 대부분이에요. 마지막으로 민우처럼 억울한 일을 당하지 않기 위해서는 핸드폰에 비밀번호와 패턴을 걸어놓고, 절대로 친구들에게 알려주지 않도록 강조해주세요.

단톡방에서 함부로 이야기하지 않기

민우처럼 억울한 일을 당하지 않기 위해서는 핸드폰의 간수뿐만 아니라 관리도 중요해요. 그리고 하나 더, 단톡방처럼 SNS의 관리도 중요하지요. 단톡방에서도 알게 모르게 억울한 일을 당하는 아이들이 많기 때문이에요. 요즘 학교 폭력 실태를 살펴보면 사이버 폭력의 비중이 높아요. 2021년 교육부에서 실시한 학교 폭력 실태 조사 결과를 보면 사이버 폭력은 전체의 9.8%로 적지 않은 비중을 차지해요. 이제는 그 어느 때보다도 사이버 폭력을 조심해야 하는 시대라는 의미예요.

학교 폭력 사안을 처리하다 보면 사이버 폭력 때문에 억울한 일을 당하는 경우가 많아요. 마치 민우처럼 아무것도 안 했는데, 단톡방의 단체 폭력 가해자로 지목되는 경우가 있거든요. 요즘 아이들은 다툼이 생기면 단톡방을 만들어서 서로 욕하고 싸워요. 어떤 때는 단톡방에서 한 사람만을 공격하면서 욕하는 일도 있고요. 그럴 때 심하게 서로 욕을 주고받는 싸움의 당사자들 외에 그냥 초대를 '당해서' 단톡방에 들어온 아이들이 있어요. 그냥 가만히만 있으면 그나마 괜찮을 텐데 한두 마디를 거들다가 굉장히 곤란한 상황에 빠지기도 하지요. 승열이가 당한 경우도 비슷해요. 친구가 초대한 단톡방에서 싸움 구경을 하다가 한마디 툭 던진 말에 졸지에 학교 폭력 가해자가 되었어요. 승열이의 단톡방을 볼까요?

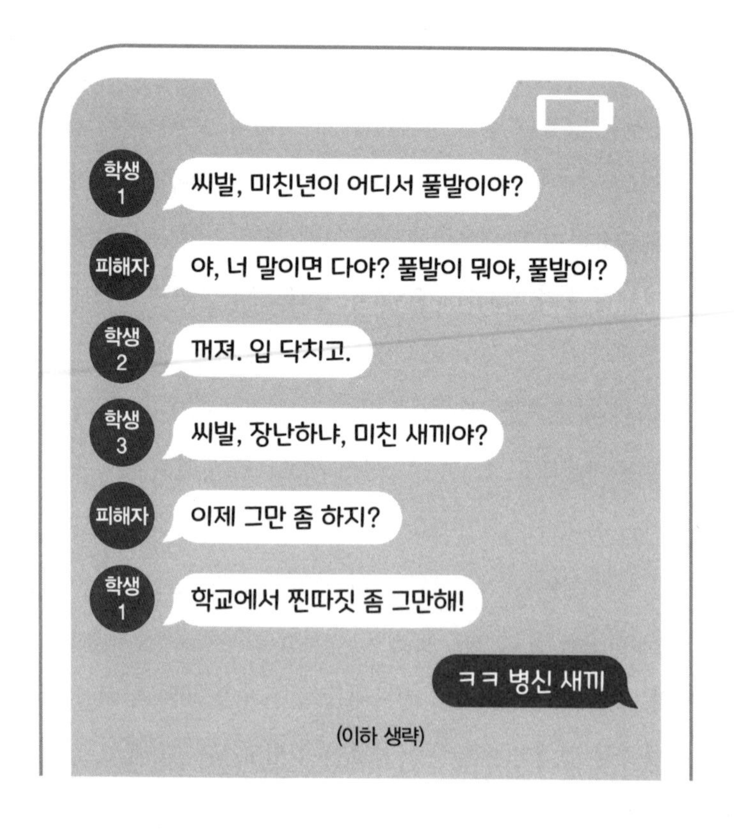

피해 학생은 이 단톡방을 근거로 학교 폭력 신고를 했고, 사안을 접수한 학교에서는 아이들을 한 명씩 불러서 상담했어요. 안타

깝게도 승열이는 욕 한마디 때문에 집단 폭력의 가담자가 되어버렸지요. 그냥 가만히만 있었어도 괜찮았을 텐데, 욕 한마디 때문에 곤란한 일을 당하게 된 셈이에요. 이렇게 남자아이들은 또래 집단이 무언가를 하면 그것이 잘못된 일이더라도 함께 휩쓸리는 경우가 많아요. 그냥 힘이 세 보이고, 멋있어 보이고, 피해자 앞에서 우월하다는 심리를 가지게 되기도 하고요. 이런 사안으로 상담을 하다 보면 평소에는 그렇지 않은데 가담자가 되는 경우가 있어서 참 많이 안타까워요. 그런데 피해자 입장에서는 승열이도 똑같은 가해자예요.

이런 일을 막기 위해서는 평소에 아이들이 단톡방 등 SNS에서 욕하지 않도록 충분히 교육해야 해요. 승열이 같은 사례를 이야기해주면서 단톡방이나 메시지를 통해서 욕하거나 누군가를 공격하는 행위가 어떤 결과를 초래하는지 알려주고, 그런 상황에서는 어떻게 할 것인지 아들과 대화를 나누면서 이미지 트레이닝을 하는 것도 좋아요. 마치 재난에 대비한 안전 교육처럼 미리 상황을 인지하고, 그 상황이 왔을 때 어떻게 행동할 것인지 절차를 숙지하고 나면 아들이 자신에게 불리해지는 일을 피할 수 있으니까요. 아들이 걸림돌을 잘 피하도록 미리 고민해보고 함께 이야기를 나누면 좋겠습니다.

온라인과 현실의 경계에서

상황 ① 온라인상의 다툼이 현피로

이 개XX야!

뭐라는 거야? 이런 미친 XX!

장난하냐? 야! 너 어디야?

○○인데? 뭐, 미친X야!

너 거기 가만히 있어. 가서 죽여버릴 거야!

PC방에서 게임을 하던 6학년 승열이. 게임 중에 채팅으로 욕을 하다가 결국 '현피'를 뜨게 되었어요. 현피가 뭐냐고요? 현피는 온라인상에서 일어난 다툼이 현실, 즉 오프라인의 물리적 싸움으로 이어지는 것을 말해요. '현'실의 'P'(플레이)를 줄여서 현피라고 부르게 되었지요. 절대 지기 싫은 승열이와 상대 아이는 서로 객기에 전화번호를 교환하고 실제로 만나서 싸움을 했어요. 그 후에 학교폭력대책심의위원회가 개최된 것은 덤이었지요.

흔하지는 않지만, 사춘기 아들의 세계에서 종종 일어나기도 하는 일이에요. 사춘기 남자아이들의 경우 지기 싫어하는 마음, 또 다른 아이들 사이에서 세 보이고 싶어 하는 마음 때문에 게임 속의 분쟁이 실제 싸움으로 이어지는 경우가 있어요. 물론 이런 일은 비단 사춘기뿐만이 아니라 청년기의 남성들 사이에서도 종종 보이는 모습이지요.

온라인에서의 싸움이 현실로 이어지는 것은 게임에서의 경쟁과 비교, 승부욕도 문제지만, 익명성 때문이기도 해요. 일단 눈앞에 보이지 않으면 어떤 말이든 쉽게 할 수 있거든요. 상대방이 강한지 약한지 생각하지 않고 일단 나오는 대로 말하게 되니까요. 학급에서는 소심해서 다른 친구들에게 아무 말 못 하는 아이라도 보이지 않는 온라인 공간에서는 어떤 말이든 쉽게 내뱉을 수 있지요. 그래서 무심코 시비를 걸고 다투다가 현실에서의 싸움으로 이어지는데, 이런 상황에서 끝까지 가면 아이들은 폭력의 희생자가 될 수밖에 없어요.

이런 문제는 비단 게임에서만 일어나진 않아요. 인터넷의 수많은 악플, 누군가를 공격하는 마녀사냥… 내 아들이 그런 일을 당할 수도 있지만, 반대로 가해자가 되는 상황이 얼마든지 펼쳐질 수 있어요. 거듭 말하지만, 익명성 때문이지요. 일단은 눈에 보이지 않기 때문에 자기가 하고 싶은 대로 아무 생각 없이 아무것이나 마음대로 할 수 있으니까요.

상황 ② 페이스북 단체 메시지가 실제 싸움으로

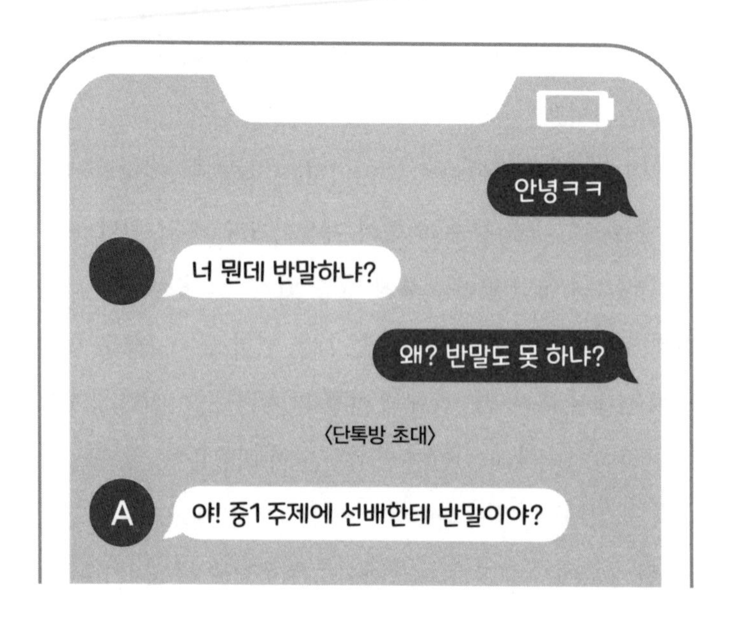

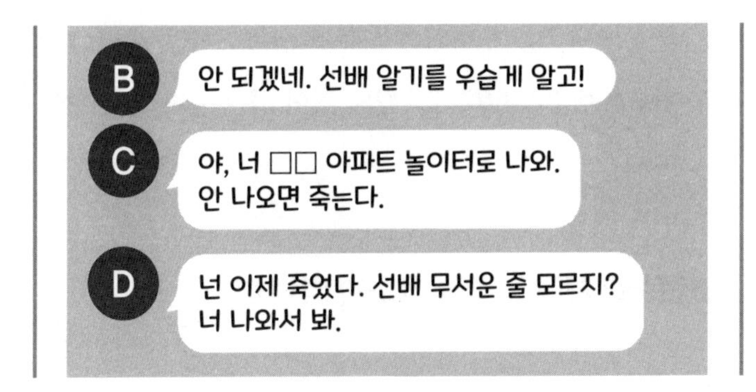

페이스북 메시지를 보내던 민우. 모르는 계정으로 DM이 와서 메시지를 주고받았어요. 모르는 계정으로 메시지를 보낸 사람은 민우와 갈등을 겪던 같은 중학교 선배. 민우의 반말을 캡처해서 친구들에게 보낸 다음, 단톡방을 만들어서 민우와 친구들을 초대했어요. 그 방에서 민우는 선배들에게 욕을 먹고, 심지어는 특정 장소로 나오라는 요구까지 받았지요. 처음에 민우는 거절하고 나가지 않았는데, 그래서 선배들은 더 화가 났어요. 결국, 민우의 학원이 끝나는 시간에 학원 앞에서 기다리고 있다가 집단으로 민우를 때렸어요. 선배 여러 명이 달려드는 통에 민우는 속수무책으로 당할 수밖에 없었지요.

여기서 정말 안타까운 사실은 때린 아이 중에는 민우와 단 한 번도 본 적 없는 다른 학교 아이들도 있었다는 거예요. 민우와 메시지를 주고받던 선배가 아는 아이들이라는 공통점만 있을 뿐, 거기 모인 아이들은 민우와는 전혀 모르는 사이였지요. 그런데도 단톡으로 욕하고 싸움을 부추기는 사춘기 남자아이들. 온라인 세상을 들여다보면 부모가 이해되지 않는 것이 한두 가지가 아니에요.

온라인상에서 분쟁을 예방하는 방법

스마트폰만 있으면 과장을 조금 보태 손가락 하나만 까딱해도 모든 것이 가능해요. 편리해진 온라인 접근성은 아들에게 생활의 편익을 제공하지만, 한편으로는 불리한 상황에 빠지게 만들기도 해요. 앞서도 '현피'로 이야기했지만, 온라인상의 싸움이 현실의 폭력 사안으로 변하기도 하니까요. 그래서 더더욱 아들에게는 평소 온라인상에서 어떻게 대화하고 소통해야 하는지 교육할 필요가 있어요.

• 욕하지 않기

온라인상에서 욕하는 것은 상대방에게 불쾌감을 줄 수 있어요. 또 욕이라는 공격적인 행동을 통해 제2, 제3의 폭력 행동이 일어나도록 만들 수도 있지요. 친구들과의 단톡방에서 욕하게 되면 나중에 뭔가 문제가 생겼을 때 똑같은 사람, 똑같은 가해자가 될 수도 있고요. 그래서 아들이 온라인상에서 욕하지 않도록 평소에 대화로 교육해야 합니다.

- **모르는 사람과 대화하지 않기**

SNS는 누구에게나 개방적이에요. 카톡도 페이스북도 인스타그램도 내가 모르는 누군가가 나에게 DM 등을 통해서 메시지를 보낼 수 있거든요. 사춘기 남자아이들은 호기심이 많아 메시지가 오면 누구인지 확인하고, 말을 하기가 쉬워요. 그러므로 아들에게 갑자기 오는 신원 미상의 문자나 메시지에는 반응하지 않도록 가르쳐야 해요. 그래야 혹시 모르는 상황이 찾아오는 것을 막을 수 있으니까요.

- **부모님에게 도움 청하기**

온라인상에서 욕을 먹으면 아들은 머리가 복잡해져요. 어떻게 해결해야 할지 방법도 떠오르지 않고요. 아들이 당황하면 앞에서 나온 상황 ①과 상황 ②의 민우와 승열이처럼 자칫 현장에서 험한 꼴을 당할 수도 있어요. 만약에 민우나 승열이가 온라인상의 대화나 단톡방 상황을 부모님에게 미리 이야기했다면 어떻게 되었을까요? 심각한 상황까지 가는 것은 막을 수 있었을 거예요. 아들이 온라인상에서 공격을 당할 때는 부모님에게 말해서 함께 머리를 맞대 상황에 대처하도록 해주는 것이 좋아요. 일어날 수 있는 일들을 평소에 알려주고 대화를 나누면서 혹시라도 벌어지는 상황에서는 부모님에게 도움을 청하도록 가르쳐주면 좋습니다.

온라인상의 싸움이 현실로 이어지는 경우. 사실, 빈번한 일은 아니에요. 그럼에도 불구하고 종종 일어난다는 사실. 그래서 어떻게 대비할지 미리 고민한다면 이번에 읽었던 사안이 내 아들에게 찾아오는 것을 방지할 수 있을 거예요. 그것이 아들과 함께 미리 한 번쯤 고민해봐야 하는 이유지요.

에필로그

아들의 사춘기, 부모로서 성숙해지는 시간

아들의 사춘기에는 여러 가지 일이 일어날 수 있어요. 이때 중요한 것은 부모로서 중심을 잡고 아들을 적절하게 이끌어주는 일이에요. 어떤 상황이 일어나더라도 의연하게 대처하고 합리적으로 판단하는 이성을 가져야 해요. 말로는 참 쉬운데, 정작 정말로 어떤 상황에 빠지게 되면 '의연함'과 '합리적 판단'은 어디론가 사라져버려요. 감정에 휩싸이는 것이지요. 그래서 늘 마음을 다잡고 살얼음판을 걷는 마음으로 부모에게도 자신을 성찰하는 일이 필요해요. 쉽지 않은 일이지만, 아들이 사춘기를 지나는 동안 부모도 어른으로서 조금 더 성숙해져야 하겠지요.

지금까지 자녀교육서를 여러 권 썼지만, '나는 부모로서 성숙한가?'라는 질문을 스스로 던지면 부끄러워져요. 그렇지만 마냥 주저앉아서 이 시기를 보낼 수는 없기에 마음속에 딱 2개의 문장만이라도 기억하기 위해 노력하고 있어요.

'이 또한 지나가리라.'

모든 일은 지나가요. 아들의 사춘기도, 부모의 갱년기도 말이지요. 이 시기를 지나는 동안 힘든 일이 많겠지만, 결국 지나고 나면 그 또한 추억이 될 거라고 믿어요. 물론 아름다운 추억이 될지, 끔찍한 기억이 될지는 부모의 노력 여하에 따라 다르겠지만요. 부모가 중심을 잡기 위해 부단히 노력하고, 아들에게 본을 보이기 위해 애쓴다면 부모와 아들이 함께 보내는 시간은 나중에 좋은 기억으로 남을 거예요.

'우리 아들은 멋진 어른이 될 거야.'

가만히 있어도 저절로 조바심이 나는 사춘기에는 낙관하는 마음이 필요해요. 아들이 멋지게 자라줄 것이라는 믿음이 있을 때, 부모가 비로소 아들을 사랑하는 눈빛으로 바라봐줄 수 있거든요. 사춘기 아들이 가장 싫어하는 것이 부모의 예민한 반응이에요. 작은 행동 하나도 지적으로 일관하는 모습, 조그만 잘못에도 큰소리를 내는 태도, 사소한 실수에도 못마땅한 눈빛… 아들은 이런 환경에서 위축되고, 반항하는 마음을 가지게 돼요. 만약 부모가 조금 더 여유로운 마음으로 아들을 대한다면 조그만 일에도 커다랗게 대립하게 되지는 않을 거예요. 마음의 여유를 찾기 위해서는 믿음이 필요해요. 아들이 부모가 노력한 것만큼 잘 자라줄 것이라는 믿음 말이지요.

사춘기에는 지치고 힘들 때가 없을 수는 없어요. 그때마다 아들의 어릴 적 사진이나 동영상을 찾아서 한번 보세요. "아빠!", "엄마!"를 부르면서 배시시 웃어주던 모습, 가만히 있어도 귀엽기만 한 어린 시절의 모습을 보면 어느 정도 마음이 풀릴 거예요. 사실, 아들은 초등학교에 입학하기 전에 부모에게 이미 많은 기쁨을 선물했어요. 아마도 그때까지 자기 할 일은 다 한 것일지도 몰라요. 부모의 행복지수를 많이 올려줬으니까요. 그때 대출받은 행복의 이자가 사춘기에 감내해야만 하는 약간의 흔들림인 건지는 모르겠지만요.

흔들릴 때는 처음 그때로 돌아가서 마냥 사랑스럽고 또 사랑스러웠던 아들의 모습을 바라보세요. 그리고 깊은 밤, 아들의 방에 들어가서 잠든 아들의 모습을 바라보세요. 여전히 그때 그 모습의 아들이 보일 거예요. 사춘기라서 변한 건 어쩌면 아들이 아니라 부모의 마음이 아닐까 싶어요. 처음 마음을 찾는다면 사춘기 아들도 조금은 달리 보일 거예요. 그래서 초심을 찾게 도와주는 어릴 적 사진과 동영상은 사춘기 부모의 필수품이에요.

아들은 자라면서 많은 일을 겪어낼 거고, 우리는 그 과정에서 좋은 부모가 되어줄 거예요. 아들을 잘 키운다는 것이 겪어야 할 일을 겪지 않는다는 뜻은 아니에요. 이런저런 일을 노련한 자세로, 세련된 방법으로 겪어내면서 더 단단하고 멋진 부모가 되어준다는 뜻이에요. 결국, 아들을 잘 키운다는 것은 부모가 어떤 자세를 가지느냐에 따라서 결정되니까요. 사춘기 아들은 흔들리겠지만, 부모로서 조금 더 중심을 잡고 조금 더 깊어지는 마음을 가지면 좋겠어요. 모쪼록 이 시기를 잘 넘기기를 같은 부모의 마음으로 응원하겠습니다.

힘내세요, 파이팅!

엄마는 잘 모르는 사춘기 아들의 몸 마음 변화와 학교생활, 공부까지
아들의 사춘기가 두려운 엄마들에게

초판 1쇄 발행 2023년 8월 3일

지은이 이진혁
펴낸이 민혜영
펴낸곳 (주)카시오페아 출판사
주소 서울시 마포구 월드컵북로 402, 906호(상암동 KGIT센터)
전화 02-303-5580 | **팩스** 02-2179-8768
홈페이지 www.cassiopeiabook.com | **전자우편** editor@cassiopeiabook.com
출판등록 2012년 12월 27일 제2014-000277호

ISBN 979-11-6827-128-9 03590